▶ 国家重点研发计划资助（项目编号：2018YFC0705100）

智能照明工程手册

ZHINENG ZHAOMING

GONGCHENG SHOUCE

主　编　陈琪　王　旭

副主编　李宝华　郑正献

参　编　王　昊　邵子尧　崔振辉　王　毅

　　　　张　威　何学宇　张建新　翟　奇

主　审　李俊民

中国电力出版社

CHINA ELECTRIC POWER PRESS

内 容 提 要

本手册全面系统地介绍了智能照明工程的技术内容和设计方法，主要包括智能照明控制系统基本概念、国内外相关技术规程、通信协议及光源调光原理、系统硬件、智能照明控制系统链路，举例介绍了走廊、车库、楼梯间、电梯厅、门厅、开敞办公、旅馆客房、教室及会议室等场所的智能照明控制设计，最后介绍了智能照明工程的施工、验收和运行维护。

本手册可作为智能照明控制系统设计人员的工具书，也可作为从事智能照明工程施工、安装、运行维护人员的参考书，还可作为大专院校相关专业师生的参考书。

图书在版编目（CIP）数据

智能照明工程手册 / 陈琪，王旭主编 . —北京：中国电力出版社，2021.1
ISBN 978-7-5198-4542-1

Ⅰ . ①智… Ⅱ . ①陈…②王… Ⅲ . ①照明–智能控制–技术手册 Ⅳ . ①TU113.6-62

中国版本图书馆 CIP 数据核字（2020）第 061951 号

出版发行：中国电力出版社
地　　址：北京市东城区北京站西街 19 号（邮政编码 100005）
网　　址：http://www.cepp.sgcc.com.cn
策　　划：周　娟
责任编辑：杨淑玲（010-63412602）
责任校对：黄　蓓　常燕昆
装帧设计：张俊霞
责任印制：杨晓东

印　　刷：北京天宇星印刷厂
版　　次：2021 年 1 月第一版
印　　次：2021 年 1 月北京第一次印刷
开　　本：787 毫米×1092 毫米　16 开本
印　　张：10
字　　数：243 千字
定　　价：49.80 元

　　随着计算机技术、网络技术和通信技术的迅速发展，智能建筑已经逐渐深入到人们的生活中。人们对建筑的要求有了进一步的提升，除了传统照明等基本需求外，越来越注重舒适、安全、高效、方便、可靠以及节能等性能，智能建筑控制系统快速发展成为必然趋势。

　　智能照明控制系统是在提供照明的前提下赋予更多功能。什么是照明控制，如何选用最佳的智能照明控制系统，智能照明控制系统包含哪些设备，智能照明工程应注意哪些问题等，都是从事智能建筑系统工程专业的设计人员及施工人员和管理人员需要了解的内容。

　　本书系统地介绍了智能照明控制系统的技术内容和设计方法，希望能给读者带来新的知识和技术理念，方便读者在日常工作和学习中查阅。全书共分7章：第1章照明控制、第2章智能照明控制系统及其技术规程、第3章通信协议及光源调光原理，由李宝华、郑正献编写；第4章系统硬件，由王昊、张建新、张威编写；第5章智能照明控制系统链路，由崔振辉编写；第6章典型空间照明控制设计方案及其详图，由邵子尧、王毅、翟奇编写；第7章智能照明工程的施工、验收与运行维护，由李宝华、何学宇编写。全书由陈琪、王旭统稿，李俊民担任主审。

　　由于编者水平有限，加之时间仓促，书中疏漏或不妥之处，恳请读者批评指正，并提出宝贵意见。

陈　琪

2020 年 10 月

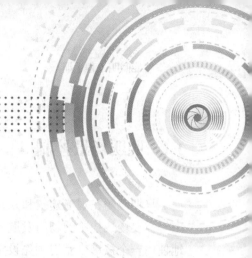

1 照明控制

照明控制是采用自动控制技术及智能管理技术对建筑及环境照明的光源或灯具设备的开启、关闭、调节、组合、场景模式等实施控制与管理，以达到对建筑节能、环境艺术和传感联动等目的。

照明控制技术早期主要应用于观演建筑和娱乐场所，因为这些场所需要照明控制技术来营造不同氛围的灯光效果。早期应用在以上场所的照明控制技术比现在的技术要复杂得多，而且自动化程度也很低，但由于其针对性较强，这类照明控制系统在观演建筑和娱乐场所中得到了广泛的应用。通过不断的应用和革新，此类型的照明控制系统发展成我们今天所说的"照明场景控制"。

另一个分支起始于 1960 年，电气自动化控制技术开始应用到商业建筑的设计中，其中，应用低压弱电信号的电气开关也开始应用于照明控制系统中。1970 年，第一次世界能源危机促使人们开始考虑如何管理好能源并节约能源。此后，降低照明的能耗成为照明控制的一个主要目的，发展至今，成为人们通常提到的"照明节能控制"，包括自动控制技术和智能管理技术。

1. 自动控制技术

就定义而言，自动控制技术是控制论的技术实现应用，是通过具有一定控制功能的自动控制系统来完成某种控制任务，保证某个过程按照预想进行，或者实现某个预设的目标。

在控制论中，"控制"的定义是：为了"改善"某个或某些受控对象的功能或发展，需要获得并使用信息，以这种信息为基础而选出的、在该对象上的作用。

控制的基础是信息，一切信息传递都是为了相互关联，进而任何控制又都有赖于信息反馈来实现。

信息反馈是控制论的一个极其重要的概念。通俗地说，信息反馈就是指由控制系统把信息输送出去，又把其作用结果返送回来，并对信息的再输出发生影响，起到制约的作用，以达到预定的目的。

2. 智能管理技术

智能管理技术是人工智能与管理科学、知识工程与系统工程、计算技术与通信技术、软件工程与信息工程等多学科、多技术相互结合、相互渗透而产生的一门新技术、新学科。它研究如何提高计算机管理系统的智能水平，以及智能管理系统的设计理论、方法与实现技术。

1.1 照明场景控制

早期应用在观演建筑和娱乐场所的"照明场景控制"逐渐向会议报告厅、旅馆、会议室等需要场景控制的场所发展。在应用了"照明场景控制"的场所，人们可以快速、方便地使用一个按键来实现预先设定的照明灯光效果，这个照明灯光效果的实现可以是基于照明回路的开关组合，也可以是基于照明回路的某个亮度值的组合。

"照明场景控制"系统通常通过人工操作，用于选择多种照明场景。一旦选择了某个固定的照明场景，照明控制系统就会控制人工光源为空间提供相应的照明效果，直到下一个照明场景被调用。

"照明场景控制"系统通常需要选择特定的照明光源，因为不是所有的照明光源都适合"照明场景控制"调节。比如，实现需要频繁开关灯的场景效果一般采用 LED 灯。此类系统通常是观演建筑、娱乐场所和旅馆照明方案或室内设计方案不可或缺的部分，并且需要照明设计师或室内设计师提前加以考虑。

虽然"照明场景控制"系统此前主要应用在观演建筑和娱乐场所等特定的场所，但由于市场的推动，如今它在不断地影响着主要场所的应用。

1.2 照明节能控制

由于照明节能的需要，早期的照明控制逐渐发展为自动化的节能控制，如在没人时关灯，或是日光充足时关灯。

早期照明节能控制系统的应用通常基于已有的安装条件和电气设备自动开关灯，调光功能未得到应用。相较于如今常用的照明控制系统，早期的"照明节能控制"显得过于简单和呆板，节能效果不明显，其应用往往忽略了照明设计，因此不受照明设计师的欢迎。

然而，由于照明节能控制系统增设了很多开关，满足了人们控制照明的需求，从而提高了使用的满意度，一定程度上弥补了照明设计上的不足。另外，由于控制技术及功能的不断优化，"照明节能控制"系统已在公共建筑中得到了广泛的应用。

1.3 照明动态控制

当调光功能成为实用的节能方式时，"照明场景控制"与"照明节能控制"开始合二为一，而荧光灯可调光高频数字电子镇流器的推广及应用促进了以上两者的结合，称之为

"照明动态控制"。

由于"照明场景控制"主要是对亮度的调节，而"照明节能控制"主要是依靠开关控制。由于数字调光技术的出现，使得调光功能很容易集成到建筑智能控制领域中，因此现在的照明控制系统不仅仅是增设开关和设定场景，还可以根据人们日常生活、日光的强弱来调节照明。

与此同时，由于娱乐场所的照明控制技术不断发展，诞生了主要针对舞台的灯光控制协议，如DMX512协议，该协议的产生使得用户能够使用不同厂家生产的DMX512设备，并通过控制线路在同一个复杂的灯光控制台下控制。DMX512协议通过不断的应用和革新，目前已经成为了照明动态控制的主要技术。

1.4 照明控制现状

如今的照明控制系统已经发展成为具有高度灵活性、舒适性、节能性的系统，尤其是数字化照明控制技术的推广，大大拓宽了可调节的光源范围，因此应用了数字技术的照明系统能够满足照明、节能及效果上的全部要求，如开关控制、调光、场景控制、光电控制、人员感应控制、时钟控制、光颜色控制、光色温控制、远程控制、单灯控制、监控控制、状态反馈和能耗分析等。

以上的技术及功能都需要应用到开关和调光手段，因此在照明控制系统中，开关和调光是基本技术及功能要求。应用好开关及调光的组合也是照明控制系统成功的关键因素。

通常照明控制技术会应用到的设备及软件涉及感应器（如亮度感应、照度感应、人体感应等）、系统元件（如系统电源、总线模块、耦合器等）、控制元件（如控制面板、控制触摸屏、遥控器等）、网络元件（如网关、信号放大器、中继器等）、中控设备（如服务器）、软件（如管理软件、调试软件等）、控制协议、信号线、接入其他系统的接口等。

由于人们日益提高的生活水平以及对照明要求的提高，促使了现代照明系统必须向节能、环保、高效的目标努力，同时又必须向具备舒适、灵活、人性化的方向不断改进。伴随着计算机以及网络科技的高速发展，使用的总线技术等也越来越成熟，促进了智能建筑行业的发展。在这些前提下，出现了"智能照明控制系统"的概念。

1.5 照明控制方式

1.5.1 手动控制

手动控制几乎适用于所有的照明系统。开关一般安装在靠近空间入口处，距地高度1.3m。可以将多个开关集成于一个面板上，不仅节省空间，还可以提供预设的照明场景。

例如，餐厅可以预设一个照明场景为午餐时间，另一个为晚餐时间；预设一个娱乐照明场景聚光于舞台和一个全开的照明场景为一天结束时清扫工作服务。手动开关的使用效率依赖于房间使用者如何使用这些开关。

使用者在进入房间后习惯于闭合开关以获取照明，然而一个空间往往包含多个功能区，单个开关无法满足分区控制和节能的需求，设计师需要结合具体空间分配控制回路。然而，过多的开关会使使用者感到混乱。加拿大国家研究委员会的研究人员发现，如果人们已经拥有了良好的照明，再在现有房屋内增加单独的控制不会有明显的好处。另外，人们离开房间后往往不将照明关闭，设计师需要关注手动控制与自动控制的结合。

由于手动控制对于照明的可控制性及方便性很重要，在照明控制系统的应用中，手动控制功能被认为是照明控制系统应用中必须的功能。但也有一些人认为如果要更好地达到照明节能的效果，则自动控制比手动控制重要得多，因为手动控制有时会被认为是随意控制，无法更好地节约能源。这样的观点未免失之偏颇，手动控制与自动控制并非对立关系，每个工作人员可以通过开关来控制自己的工作灯对节能来说尤其重要，自动控制可以补足手动控制所不能实现的诸多功能。大多数成功的照明节能方案有"手动开，自动关"的特点，在需要时人为开启灯光，不需要时自动关闭。

1.5.2　时钟控制

时钟控制是使用定时装置产生控制作用的一种控制方式（照明时钟控制的定时装置多采用时间开关）。这种控制方式适用于人员活动规律、使用时间较确定且能够安全关闭一段时间照明（或调整一个照度水平）的空间。

根据不同的时间段来管理照明是一种常用的控制方式，多用于商店等公共建筑，能够合理地减少照明的使用时间，节能效果明显。然而，由于现在人们的工作时间比较灵活，除非在某些特定模式下，办公建筑等场所较少应用这种控制方式。

目前，时钟控制更多地被应用于定时改变系统设备的运行模式而不是直接控制照明。

1.5.3　人员感应控制

由于人们活动的规律一般是不确定的，根据人们的活动规律来开关照明往往不能完全吻合人们的需要。

20 世纪 80 年代初，人体感应传感器被广泛地应用到照明控制系统中，目前市场上有许多不同技术的感应器（如红外、射频、声波等），它们的功能都是感应人员不在被感应的区域内，从而判断是否需要照明以及需要什么样的照明。另外，人体感应传感器通常具有关灯延时的功能，以确保人们在离开该区域前不失去照明。通常延时关灯时间根据场所功能不同可调，主要是避免频繁地开关灯而减少光源的寿命。人体感应器通常结合手动开关来达到最优的节能效果。

1.5.4 光电控制

光电控制系统使用光电元件感知空间照度水平。当自然光对一个指定区域能提供充足的照度时，系统便调低人工光源亮度或关闭人工光源。当自然光照明水平下降时，系统增强人工光源亮度来补偿照明效果，其理念是维持足够的照度水平。该控制方式除了可以根据环境调节人工光源发出的光，还可以在光源老化后维持空间照度水平。

光电控制系统一般分为闭环系统（完整的）和开环系统（部分的），闭环系统同时探测灯光和环境自然光，而开环系统只探测自然光。

闭环系统在夜间灯光打开时校准，以建立一个目标照度水平。当自然光造成照度水平超出时，灯光亮度被调低直到维持目标照度水平。

开环系统在白天校准。传感器暴露在昼光下，当可用照度水平增加时，灯光亮度相应地被调低。良好的设计和安装的闭环系统往往比开环系统具有更高的照度水平。

1.5.5 智能控制

智能照明控制系统是利用计算机技术、网络通信技术、自动控制技术、微电子技术等现代科学技术，实现可根据环境变化、客观要求、用户预订等条件而自动采集系统中的各种信息，并对所采集的信息进行相应的逻辑分析和判断，同时对结果按特定的形式存储、显示和传输，以及反馈控制等处理，以达到最佳的控制效果。智能照明控制系统具有灯光亮度的强弱调节、灯光软启动、定时控制、场景设置等功能。

其典型的特征体现在系统可控制任意回路连续调光或开关，可预先设置多个不同场景，实现照明的艺术性和舒适性；可接入各种传感器对灯光进行自动调节，或与楼宇智能控制系统联网，使各系统协调工作。

1.6 照明控制策略

照明设计倡导"以人为本"的设计理念，营造人性化的效果，照明控制策略正是基于"人使用灯"行为的研究而发展的。设计师在进行照明设计时，需结合空间特性和使用需求确定控制策略，灵活运用合适的控制方式。

照明控制策略包括可预知时间表控制、不可预知时间表控制、预设场景控制、天然采光控制、亮度平衡控制、维持光通量控制、作业调整控制、平衡照明日负荷控制、艺术效果控制等。可以人工就地控制，也可以集中控制。

1. 可预知时间表控制

在活动时间和内容比较规则的场所，灯具的运行基本上是按照固定的时间表来进行的，配合上班、下班、午餐、清洁等活动，同时按照平时、周末、节假日等规则变化，采用可预知时间表控制策略。通常适用于一般的办公室、工厂、学校、图书馆和商店等场所。

可预知时间表控制策略通常采用时钟控制方式来实现,并进行必要的设置来保证特殊情况(例如加班)时能亮灯,避免使活动中的人突然陷入完全的黑暗中。

2. 不可预知时间表控制

对于有些场所,活动的时间是经常发生变化的,可采用不可预知时间表控制策略,如会议室、打印室、档案室、休息室和试衣间等场所。

这类区域不适合采用时钟控制方式来实现,通常可以采用人员感应控制方式来实现。

3. 预设场景控制

预设场景控制可以使几个回路或几个灯具同时变化以达到特定的场景效果。场景需经过预设,每一个面板按键被设定为相应的场景。该方式多用于场景变化比较大的场所,如多功能厅、会议室等,也可用于家庭的起居室和餐厅内。常用的场景模式包括:

(1)餐厅的用餐及清理等。

(2)会议室的面谈会议、视频会议及视听演示等。

(3)报告厅或教室中黑板、投影幕和桌面的视觉作业。

(4)商店的正常业务、清扫和清点库存以及夜间照明。

4. 天然采光控制

如果对象空间能够获得自然光,即所谓的利用天然采光,则可以控制灯光以降低电力消耗来节能。利用天然采光来节能与许多因素有关:天气状况;建筑的造型、材料及朝向;传感器和照明控制系统的设计和安装;建筑物内活动的种类、内容等。天然采光控制策略通常用于办公建筑、机场、商店等场所。

天然采光控制一般采用光电控制方式来实现。应当注意的是,由于天然采光会随时间发生变化,通常需要和人工照明相互补偿;由于天然采光的照明效果通常受与窗户距离远近的影响,一般将靠窗的灯具分为单独的回路,甚至将每一行平行于窗户的灯具都分为单独的回路,以便进行相应的亮度调节,保证整个工作空间内的照度水平。

5. 亮度平衡控制

这一策略利用了明暗适应现象,即平衡相邻区域的亮度水平以减少眩光和阴影,减小人眼的光适应范围。例如,可以利用格栅或窗帘来减少日光在室内墙面形成的光斑;可以在室外亮度升高时,减弱室内人工照明,室外亮度降低时,调节增强室内人工照明。亮度平衡的控制策略通常用于隧道照明的控制,室外亮度越高,隧道内照明的亮度也越高。通常,也采用光电控制方式来实现,但控制的逻辑恰好相反。

6. 维持光通量控制

通常,照明设计标准中规定的照度标准指"维持照度",即在维护周期末还要能保持这个照度值。这样,新装的照明系统提供的照度一般要比标准要求的照度值高,以保证经过光源的光通量衰减、灯具的积尘、室内表面的积尘等影响后,在维护周期末仍能够达到照度标准。维持光通量策略就是指根据照度标准,对初装的照明系统减少电力供应,降低光源的初始照度,而在维护周期末达到最大的电力供应,这样就减少了每个光源在整个寿命期间的电能消耗。

通常，也可采用光电控制方式和其他调光控制方式相结合来实现。然而，当大批灯具采用这一方法时，初始投资会很大；而且该策略只能考虑所有的灯同时更换，而无法考虑有些灯的提前更换。

7. 作业调整控制

一个空间通常维持恒定的照度，采用作业调整控制的策略，可以调节照明系统改变局部光环境。例如可以改变工作区局部照度。

作业调整控制策略能给予使用者控制周围环境的能力，有助于使用者保持心情舒畅，提高生产效率。通常这一策略通过设置独立的调光面板来控制一盏灯或几盏灯来实现。

8. 平衡照明日负荷控制

电力公司为了充分利用电力系统中的装机容量，提出了"实时电价"的概念，即电价随一天中不同的时间而变化。我国已推出"峰谷分时电价"，将电价分为峰时段、平时段、谷时段，即电能需求高峰时电价贵，低谷时电价廉，鼓励人们在电能需求低谷时段用电，以平衡日负荷曲线。作为用户就可以在电能需求高峰时降低一部分非关键区域的照度水平，这样也同时降低了空调制冷耗电，降低了电费支出。

9. 艺术效果控制

艺术效果控制策略有两层含义：一方面，像多功能厅、会议室等场所，其使用功能是多样的，因此需要实现不同的场景变化以满足不同的功能需求，维持好的视觉环境，改变室内空间的气氛；另一方面，灯光的变化会产生动态变化的照明效果，形成视觉的焦点，满足艺术效果的需要，适用此照明控制策略的照明控制方式也是多样的。

1.7 系统集成

如今，照明控制系统已被广泛应用于各类建筑中，多种多样的传感器和通信模块也被应用于照明的控制中。为对建筑内的机电设备进行统一管理和自动控制，照明控制系统同建筑暖通系统、给排水系统、供配电系统、电梯系统等其他系统一并纳入设备运行管理与监控系统中，以提升建筑的安全（环境监测、设备监测和操作保护）、舒适（温度、湿度、新风和照度等）和高效（管理效率、能源利用效率）。

一般照明控制系统与设备运行管理和监控系统共享照明控制信息，例如，设备运行管理与监控系统通常需要照明控制系统的人员感应传感器提供人员存在信息；与窗帘控制系统联动，夏日挡斜阳，冬季取日光，实现自动追阳功能与窗帘、百叶窗、投影幕布的自动开闭和角度调节；还可以与空调和采暖等系统联动，实现风机盘管、分体空调、电采暖、进排风机、热水器等设备的自动开关、风速、流速、模式控制等功能。

1.8 绿色照明

绿色照明是美国国家环保局于 20 世纪 90 年代初提出的概念。完整的绿色照明内涵包含高效节能、环保、安全、舒适 4 项指标。高效节能意味着以消耗较少的电能获得足够的照明，从而明显减少电厂大气污染物的排放，达到环保的目的。安全、舒适指的是光照清晰、柔和以及不产生紫外线、眩光等有害光照，不产生光污染。

一般人们从科学管控和创新技术两个方面对绿色照明的控制原则和落实措施等进行动态跟踪评价。科学管控包括功能照明控制和艺术照明指引，主要从照明质量、照明模式、安全环保、经济性等角度出发，根据空间实际情况，确定功能照明刚性控制要求和艺术照明推荐控制指引。创新技术包括清洁能源等应用。本节对各个国家绿色建筑标准中绿色照明相关要求及评价标准进行介绍。

1.8.1 日本绿色建筑评价标准——CASBEE（2014）

CASBEE（2014）对采光与照明的评分涉及日光（采光系数、开口方向、日光装置）、遮光措施（日光控制、反光控制）、照明等级与灯光管控。该评价标准提出了照明可控性的概念，照明可控性是指通过开关切换和光调节对房间中的亮度、颜色、温度和照明位置进行控制的能力。其基于可用照明控制的房间最小面积以及控制方法（手动/自动）进行评估。设计思路清晰合理的照明控制系统可获得较高的评估等级。

在"高效运行"部分的评估实例中，对照明控制系统结合自然光的设计、使用人员感应控制等方式节省能源的评估，以及对反射眩光等光污染的应对措施的评价做出了阐述。

1.8.2 WELL 绿色建筑标准

WELL 绿色建筑标准"光"章节提供了照明方面的指南，旨在尽量减少对人身体昼夜节律系统的干扰，提高工作效率，帮助获得良好的睡眠质量，并根据需要提供相应的视敏度。

该标准从视觉照明设计、昼夜照明设计、电灯眩光控制、日光眩光控制、低眩光工位设计、色彩质量、表面设计、自动化遮阳和调光控制、采光权、日光建模、自然采光开窗等方面对新建和既有建筑的光环境进行阐述。其中，建议设置遮阳和调光以防止眩光并鼓励利用自然光。必须积极管理可调节窗帘和带调光器的灯具等设计，使之有效地发挥作用。自动控制有助于确保各系统持续按预期工作并满足预期效益，如避免眩光和节约能源。此外，将这些功能设置为自动调节，可极大地提高舒适性，而不会干扰住户处理其他任务。

在第 1 部分"阳光自动化控制"中提出：超过 $0.55m^2$（$5.92ft^2$）的窗户均配备遮阳设

备，当光线感应器探测到日光在工位和其他座位区产生眩光时，可自动启动。

在第 2 部分"回应性灯光控制"中提出：除装饰灯具以外，应使用人员感应器对所有照明进行编程，使之在相关区域无人占用时自动调暗至 20%或更低（或关闭）。除装饰灯具以外，所有照明均能够编程为根据日光连续调暗。

1.8.3 BREEAM 国际新建建筑技术手册（2016）

BREEAM 重视设计阶段对采光、人工照明和控制方式选择的考虑，从而确保为业主提供最佳的视觉性能和舒适性。

其中，在控制眩光的设计中需要同时保证自然光最大化地被利用，不可以不加思考地阻挡自然光进入空间。遮阳的位置和使用不能与照明控制系统的操作发生冲突。标准中建议对建筑内的相关空间进行如下照明分区，以便业主控制：

（1）办公空间建议功能分区数量不超过 4 个（比如办公区、复印区、接待区、公共休息区）。

（2）毗邻窗户、中庭的区域建议作为独立分区进行控制。

（3）会议室和报告厅：演示区、观演区的单独分区。

（4）图书馆：书库、阅读区和柜台区域的单独分区。

（5）教室：学生座位、教室黑板等的单独分区。

（6）礼堂：座位区、公共空间和讲台区域的单独分区。

（7）餐厅、咖啡厅：服务区和餐桌的单独分区。

（8）商业：展示区域和柜台区域的单独分区。

（9）旅馆：走廊、浴室、办公桌和休眠区域的单独分区。

（10）休息室、等候区域：座位和活动区域以及员工可使用控制装置的流动空间的分区。

（11）对于用于教学或会议的空间，根据空间的大小和用途进行照明控制设计，但对于设有阶梯式座位、独立讲台、演示或表演区域的礼堂或剧院，通常在照明控制的设计中考虑如下策略：

1）正常的照明水平（允许进出、清洁等）。

2）演示区域照明关闭，观众区域灯光降低到较低水平（使投影幕布足够清晰，同时保障足够的光线允许观众做笔记）。

3）所有照明关闭（用于投影灰度幻灯片、彩色幻灯片和用于视觉演示或表演）。

4）讲台设置局部照明。

其中，标准"建筑内部和外部照明"中提到：对于教育建筑，在人员进入或离开教学空间时，教师需可以轻松地使用手动照明控制。

标准中还给出了不同区域的控制策略，见表 1-1。

表 1-1 BREEAM 中不同区域的控制策略

编号	术语	描述
CN3.11	工位布局不确定的空间	如果空间内工位布局不确定，照明控制可假设每 10m² 一人或一个工作区
CN3.12	小型空间	完全由小型房间或空间（小于 40m²）组成的建筑，不需要对照明区域进行任何细分或控制，默认满足分区评估标准
CN3.13	四工作区分区	四个工作区的限制是所要求标准的参考，但不是固定的要求。如果有理由增加这一数量以适应所采用的照明策略，则只要评估师认为满足本标准的目的即可，即有适当的照明分区或控制以使占用人能够合理地控制个人工作区域内的照明。在这种情况下，相关设计团队成员（例如照明顾问）应说明如何做到这一点
CN3.17	经常使用电脑屏幕的区域的照明	项目可以指定 300lx，而不采用 EN 12464：2011 中规定的值。这依照的是 CIBSE "照明指南 7" 中的建议
具体建筑类型		
CN4	教育（学前机构）和特殊儿童教育需求所需的控制装置	如果评估范围包括儿童保育或特殊教育需求的空间，则应为教师或工作人员提供控制，即没有必要让儿童接触控制装置。如果评估范围包括托儿所，则应为工作人员而不是学前机构儿童提供控制装置
CN4.1	旅馆-卧室照明	旅馆卧室的室内照明通常不需要符合国家标准中关于办公室的照明水平要求，因为这些空间通常不作为工作空间使用。但是，如果旅馆的卧室或套房内的房间将用作与小型办公室类似的工作空间，则照明水平应符合这种类型的空间的国家标准

1.8.4 DGNB 全球可持续性基准

对于照明系统，DGNB 全球可持续性基准提出如下理念：

1. 目标

目标是确保所有使用的室内空间有充足且不间断的日光和人造光供应。视觉舒适度是幸福感和高效工作的基础。除了建筑本身外，为用户提供多样的控制策略（控制通风、遮阳、防眩光、控制温度和照明）和控制效果能够提升用户的满意度。并且，合理的自然光对人的身心健康有积极的影响，也可以为照明和制冷提供巨大的节能潜力。

2. 利益

用户满意度与舒适感和幸福感息息相关。在这个方面，为用户提供有关日照时间、周围环境、天气条件等信息的预报非常重要。视觉舒适度对用户的生产力和满意度有非常大的影响。同时，为用户提供对室内环境的可控措施会增加建筑物的舒适度。

3. 评估

为了保证充足的、不间断的日光和人造光供应，视具体使用情况，根据以下 7 个指标对视觉舒适度进行评估。指标 1 和 2 评估整个建筑物和永久性工作区中自然光的可用性；指标 3 确认是否可以直接看到外部空间；指标 4 评估遮阳/防眩光系统；人造光条件、日光的显色指数和暴露于日光下的持续时间由指标 5～7 进行评估。

（1）整个建筑的日光可用性。

（2）永久性工作站的日光可用性。

（3）与外部的视觉接触。

（4）日光下无眩光。

（5）人造光。其中，将对色温、自动或手动调节光色、办公、教室、商业、物流、工厂的分区照明和暗光适应区的考虑作为加分项。

（6）日光显色性。

（7）是否暴露于日光下。

4. 展望

由于目前照明控制有了数字解决方案，可用的技术选择变得越来越精细化，并且更加适合个体需求。没有必要为了获得分数而指定具体的解决方案，相反，应鼓励设计人员在项目背景下更密切地关注解决标准的目标。

1.8.5　LEED 建筑设计与施工（2014）

LEED 标准中涉及照明控制的内容如下：

（1）为至少 90%的个人使用空间提供照明控制，供用户调节照明以满足人们的任务需求和偏好。并且建议照明控制具有至少三种照明等级或场景（开、关、中等）。中等是最大照明等级的 30%～70%（不包括自然采光的影响）。

（2）公共空间需满足以下要求：

1）提供多区控制系统，可以让用户调节照明以满足其需求和偏好，并且具有至少三种照明等级或场景（开、关、中等）。

2）演示或投影墙的照明必须单独控制。

3）开关或手动控制必须与受控的光源位于同一个空间中。操作控制装置的人必须能够直接看到受控的光源。

办公建筑为区域内至少 90%的个人空间提供单独的照明控制装置。

商业建筑需提供可以将环境亮度降低至中等程度的控制装置。

医疗建筑为区域内至少 90%的个人空间提供独立的照明控制装置。提供可于患者床位随时操纵的照明控制装置。在多患者空间，控制装置必须为独立的照明控制装置。在专用房间中，还提供可从患者床位随时操纵的外部窗帘、百叶窗或帷幕控制装置。比如特级护理室、儿科和精神病科病房。

（3）对于自然采光，标准提出其理念是加强建筑用户与室外的关联，加强昼夜节律，并通过将自然光引入室内来节能。同时要求在所有常用空间中提供手动或自动（带手动超驰控制）的眩光控制设备。

建议通过计算机模拟来证明实现每年至少 55%、75%或 90%的空间全自然光照明 300/50%（sDA300/50%）。通过每年的计算机模拟证明实现了年度日光照射 1000，250（ASE1000，250）不超过 10%。按照 sDA300/50%模拟使用有自然采光的常用空间面积。

1.9　小结

近年来，智能照明控制领域可谓发展迅猛，技术更新换代快，产品目不暇接，控制方式新颖有效。随着物联网、通信技术、电子技术的快速发展，智能照明控制系统感知环境变化、自动调节照明强度、进行场景制作，以提高照明质量，做到节能减排，为人们的工作、生活、学习提供智能照明环境。未来，随着智能照明设备更广泛的应用，其发展将逐渐向着半导体照明、绿色化、标准化、网络化和个性化方向转变。在推动照明方向革新的同时，也促进智能家居的发展。

智能照明控制技术不论应用在哪些方面，哪个场合，应时刻牢记以下两个问题：用户需求是什么？达成需求的最优方案是什么？

只有完美地解答了以上两个问题，智能照明控制系统才会长久发展与进步，设计师才能做出以人为本的设计。

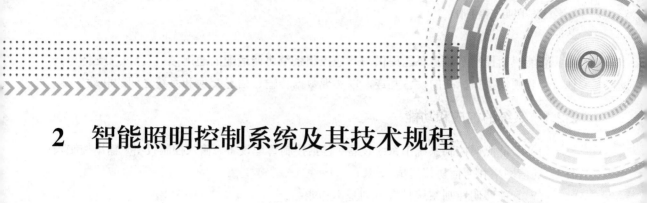

2 智能照明控制系统及其技术规程

2.1 系统概述

智能照明是指利用计算机、无线通信数据传输、扩频电力载波通信技术、计算机智能化信息处理及节能型电器控制等技术组成的分布式无线遥测、遥控、遥讯控制系统,来实现对照明设备的智能化控制。具有灯光亮度的强弱调节、灯光软启动、定时控制、场景设置等功能,并达到安全、节能、舒适和高效的特点。

智能照明控制系统的设计与实施,需达到相关标准和规程规定的照明质量和照明效果。其设计与选型需要根据使用场所对照明的功能要求、系统性能特点、管理需求和建设条件等因素综合确定。其控制管理设备、输入控制设备、输出控制设备和通信网络的通信协议需要兼容。

本章结合《智能照明控制系统技术规程》(TCECS 612—2019)简述智能照明控制系统及其相关规程中对性能要求、系统设计、安装和调试、验收、运行和维护的内容。

2.2 系统性能要求

智能照明控制系统需要具有安全性、可靠性、兼容性、开放性和可拓展性,体现于智能照明控制系统设计与运行、维护的全过程中。

智能照明控制系统的控制管理设备、输入控制设备、输出控制设备和通信网络的通信协议需要兼容。

智能照明控制系统需具备集中、就地控制方式,且系统应具有手动操作功能和程序控制功能。

电磁兼容(Electro Magnetic Compatibility,EMC)是智能照明产品必须满足的设计要求。所谓电磁兼容是指设备(分系统、系统)在共同的电磁环境中能一起执行各自功能的共存状态。这里包含两层意思,即它工作中产生的电磁辐射要限制在一定水平内,另外它本身要有一定的抗干扰能力。

智能照明控制系统需要能提供与其他控制系统协调适配的通用接口及协议,支持与其他符合软硬件接口标准的设备互连,以实现数据传输、信息交换和系统之间的联动。

2.2.1　系统的构成和功能

(1)智能照明控制系统由系统设备(包括控制管理设备、输入控制设备、输出控制设备)、通信网络和通信协议构成。

(2)智能照明控制系统具有下列基本功能:

1)能对照明灯具分组、分区进行控制,也可对单灯进行控制。

2)能通过数据采集分析等自动实现预设功能,并符合下列规定:

① 能够按照明需求实现时钟/定时开关控制。

② 需要进行调光的场所,能够对光亮度按设定值进行调节。调光控制时,根据光源类型采用不同的调光方式。

③ 利用天然光的场所,能随天然光的变化自动调节照度。

④ 需要进行调节色温或颜色的场所,能够对光源色温或颜色进行设置和管理,并按照明需求实现色温或颜色的调整。

⑤ 需要进行场景切换的场所,能够按照明需求对设定的场景模式进行自动切换。

3)能对智能照明系统的能耗进行自动监测。

4)支持故障的监测与报警,并符合下列规定:

① 支持控制模块和网关模块的离线告警及控制与状态不一致的反馈。

② 发生通信故障时,分布式系统设备在离线时能按预设程序正常运行。

③ 具有断电或发生故障时自动反馈、自锁和存储记忆功能。

5)系统配置符合下列规定:

① 能够根据授权就地或远程修改系统参数。

② 能够调整传感器的控制参数。

6)具有在启动时避免对电网冲击的措施。

(3)智能照明控制系统除具备基本功能外,还可以增加相关的扩展功能,从而使得照明控制和管理更加方便快捷:

1)可与遮阳设施联动。

2)可与室内空调设备联动。

3)支持通过移动设备等实现远程查询及监控。

4)能够实时对灯具的运行状态、照明能耗及静态消耗功率进行监测和监控。

5)基于人员存在(占空)数据提供空间利用报告。

6)通过照明管理软件进行存在(占空)设置、定时设置和日光利用设置。

7)为其他数据采集系统预留数据接口。

(4)接入智能化集成系统时,需符合以下规定:

1)符合现行《智能建筑设计标准》(GB 50314)、《控制网络 HBES 技术规范 住宅和楼宇控制系统》(GB/T 20965)和《建筑自动化和控制系统》(GB/T 28847)的规定。

2)宜实现与火灾自动报警系统、建筑设备管理系统、安全技术防范系统等智能化系统的通信联网、联动控制。

2.2.2 系统设备

(1)智能照明控制系统常用的操作系统包括 Windows、Mac 等主流的计算机操作系统和安卓、IOS 等移动设备操作系统。控制管理设备需具有下列功能:

1)能进行控制系统的管理及设定。

2)能与智能照明控制系统中的设备进行通信。

3)能进行历史记录、存档及统计分析。

4)能进行报警、故障、维护和操作信息记录。

5)具有易于辨认、操作的界面,能进行数据可视化展示。

6)能分级管理。

7)能接收其他系统的联动信号。

8)能进行能源优化和操作优化。

9)网络设备能实现数据通信设备、交换设备与其他信息管理系统相互连接,有需要时可与外部通信网络相连接。

(2)控制管理软件需符合下列规定:

1)包括控制系统软件及编程操作说明。

2)与常用的操作系统兼容。

3)易于操作、界面友好。

4)配置移动设备管理应用。

5)系统操作便于运维人员在所需的控制点进行监控及程序修改。

6)数据库采用标准数据库格式,并提供与其他智能化系统的接口。

7)根据用户权限级别设置不同的用户及口令。

(3)控制管理设备供配电系统需符合现行《智能建筑设计标准》(GB 50314)的规定。

(4)输入控制设备需具有下列功能:

1)能够通过有线或无线网络向控制管理设备或控制器准确传输现场信息。

2)实现数字信号输入的状态监测、脉冲输入的计数、模拟输入的测量以及通信输入状态监测等。

(5)传感器需符合下列规定:

1)光电传感器(光照度传感器):

① 光照度传感器测量范围宜为:室内为 0~2000/0~10 000lx,室外为 0~100/0~200 000lx,分辨率宜为满量程的 0.1%。

② 工作电压宜为直流 9V、12V 或 24V,稳态电压偏移范围可为±10%。

③ 准确度应控制在±10%范围内。

④ 正常工作环境宜为：室内一般场所温度（－5～40）℃，相对湿度 0～90%；室外温度（－40～80）℃，相对湿度 0～90%。特殊场所应根据实际使用环境确定。

⑤ 室外场所的传感器温度修正系数应符合《光照度计检定规程》（JJG 245—2005）的规定。

2）存在感应传感器：

① 声音传感器采样频率不宜低于 10 000 次/s，输出信号可为 4～20mA。

② 红外传感器：

工作电源宜满足：交流电压（180～250）V±10%，频率（50±1）Hz 或直流电压 0～24V；输出电平宜为 0V/3～9V。

工作波长宜为 7.5～14μm。

感应距离宜为 0.5～15m。

③ 超声波传感器频率不小于 22kHz。

④ 微波传感器频率一般宜为 5.8GHz，其在小空间使用时建议为 24GHz。

⑤ 工作温度范围建议为（－10～40）℃。

（6）输出控制设备需具有下列功能：

1）具备接收并执行控制管理设备的命令功能。

2）具备数据处理、计算和优化功能。

3）具有手动控制功能。

4）实现信号输入、输出和通信状态的监测等，宜具备实时负载反馈功能。

5）控制器在断电情况下具有下列功能：

① 保存程序、参数和必要的数据。

② 设备内部时钟连续正常工作至规定的时间。

③ 当电源恢复时，控制器的嵌入功能自动重启，并按预设的方式运行。

在输出控制设备出现故障时，能现场实现手动控制，对于重要场所的照明显得尤为重要。对负载的状态进行反馈，可确定回路的真实运行状态，达到监视灯具运行状态的目的。

（7）调光控制器应符合下列规定：

1）调光建议按如下方式进行分类：

① 切相调光。

② 脉冲宽度调制调光（PWM）。

③ 模拟量（0/1～10V）调光。

④ 数字可寻址调光。

2）调光满足下列要求：

① 光源光通量上限不高于额定光通量。

② 调节亮度或照度时，不改变光源色度参数。

③ 调光时避免灯具系统产生频闪影响。

④ 灯具实测光通量与设定值的偏差不超过 10%。

⑤　功能照明需要满足设计线性度的要求，并应具备符合人体视觉感官的调光函数曲线。

3）限制调光设备对配电系统的谐波干扰，并符合相关标准的规定。

（8）系统控制管理设备、输入和输出控制设备需要采用统一的数据格式。

2.2.3　通信网络及通信协议

（1）通信网络及通信协议应能满足智能照明控制系统的设计要求。

（2）通信网络宜采用专网或加密机制的公网。

（3）建筑照明智能控制通信协议应采用标准通信协议或开放专用协议，室外照明智能控制通信协议宜采用标准通信协议或开放专用协议，并宜符合附录 A 的要求。

（4）智能照明控制系统输入、输出控制设备所提供的通信接口应保证能够按相应的通信协议对控制程序进行现场调试和修改。

（5）系统通信硬件需保持电气隔离，并可靠接地。

（6）有线通信需符合下列规定：

1）在供电电源电压范围内能正常工作。

2）在环境温度、相对湿度范围内能正常工作。

3）过电压、过电流等保护器件应齐全，且性能良好。

4）在设计规定允许的电磁场干扰条件下，不出现故障和性能下降。

5）不对电网或电源产生干扰。

6）符合网络安全管理功能检查的相关规定。

7）通信网络满足所支持数据的带宽、时延和误码率的要求。

（7）无线通信需符合下列规定：

1）传输频率应符合国家无线电管理规定，优先选择无线通信运营商的企业级通信方案，并可在频段许可的前提下适当采用其他无线通信方案作为补充。

2）无线网络具有良好的组网能力和传输纠错能力。

3）无线通信系统宜专网专用。

4）具有较强的抗干扰特性。

5）支持灵活组网，并应具有良好的可扩展性。

6）支持多信道频率复用或同一信道的时分复用。

7）具有处理数据传输时延的措施。

8）无线射频采用信道负荷较少的网络频段。

2.2.4　系统安全

（1）系统的电气安全需符合国家现行有关标准的规定。

（2）系统的电磁兼容性需符合下列规定：

1）静电放电抗扰度需满足《电磁兼容　试验和测量技术　静电放电抗扰度试验》

（GB/T 17626.2—2018）中 3 级的要求。

2）射频电磁场辐射抗扰度需满足《电磁兼容 试验和测量技术 射频电磁场辐射抗扰度试验》（GB/T 17626.3—2016）中 3 级的要求。

3）快速脉冲群抗扰度需满足《电磁兼容 试验和测量技术 电快速瞬变脉冲群抗扰度试验》（GB/T 17626.4—2018）中 4 级的要求。

4）浪涌抗扰度需满足《电磁兼容 试验和测量技术 浪涌（冲击）抗扰度试验》（GB/T 17626.5—2019）中 4 级的要求。

5）射频场感应的传导骚扰抗扰度需满足《电磁兼容 试验和测量技术 射频场感应的传导骚扰抗扰度》（GB/T 17626.6—2017）中 3 级的要求。

6）电压暂降、短时中断和电压变化抗扰度需满足《电磁兼容 试验和测量技术 电压暂降、短时中断和电压变化的抗扰度试验》（GB/T 17626.11—2008）中 2 类的要求。

（3）系统的信息安全需符合《信息安全技术 网络安全等级保护基本要求》（GB/T 22239—2019）第三级的要求。

2.3 系统设计

2.3.1 一般规定

系统的设计与选型需符合项目照明工程的要求。

系统设计方案需满足空间、运行和预算的要求，并在深化设计时进行全寿命周期经济性分析。

根据场所的使用功能、环境及性能特点、应用需求、能源管理以及与外部设备的接口等要求，确定照明控制方案。

根据灯具数量、灯具类型、灯具布局、控制分区来选择照明控制系统，与建筑设备监控系统的协调配合，明确监控中心与监控点位的设置，明确分区控制与集中控制的关系，明确就地开关控制与智能控制的关系，并对每个控制区域列出设备及控制要求清单。

2.3.2 系统配置

（1）统一配置传感器、控制器、人机界面、通信网络和接口。

（2）传感器的配置需符合下列规定：

1）根据测量对象与测量环境确定传感器类型。

2）根据项目需求确定传感器的种类、数量、测量范围、测量精度、响应时间等技术参数。

3）当多项功能由一个传感器完成时，该传感器需同时实现各项功能需求的最高要求。

4）当以设备状态监测为目的时，建议选用开关量输出的传感器。

5）当传感器需提供标准电气接口或数字通信接口时，其通信协议需与监控系统兼容。

6）需根据功能设计和产品的安装要求确定安装位置，并避免系统由于传感器的选型和布置产生误判断。

（3）根据空间属性和用户需求分析控制内容（照度、色温等）及其策略，合理选用调光技术。

（4）通信协议需根据使用要求、现场条件、成本以及协议特点确定。

（5）系统通信网络逻辑拓扑结构结合场所功能要求确定。

（6）系统各设备需清晰、永久地标识物理地址。

（7）控制系统的竣工系统图需清晰标注各设备的地址码和系统控制点。

（8）控制器的输入和输出接口连接方式可采用点到点直接连接或本地总线连接，并符合以下规定：

1）能满足物理输入和输出的最大数量要求。

2）能满足通信接口的最大数量要求。

（9）控制开关需安装在房间入口处及其他便于用户使用的位置。

（10）设计过程中，需对智能照明控制系统设计文件进行设计审核。

2.3.3　控制策略

（1）居住建筑智能照明控制系统宜参照表2－1进行设计和选取。

表2－1　　　　　　　　　　　居住建筑智能照明控制系统

房间或场所	功能需求	控制方式/策略	控制设备	通信方式和协议	传感器选型	传感器布置	集中/就地
住宅起居室	开、关，调光，变换场景，与窗帘等设备联动	可预知时间表控制 不可预知时间表控制 场景控制 天然采光控制 艺术效果的控制	开关控制器/调光控制器（可以包括调色温，调颜色）/时钟控制器/窗帘控制设备		光电传感器、人体感应传感器	受控区域,天花板、墙壁、窗口	就地
住宅卧室	开、关，调光，变换场景，与窗帘等设备联动	不可预知时间表控制 场景控制 天然采光控制	开关控制器/调光（可以包括调色温）/时钟控制器/窗帘控制设备	RF（ZigBee）、Bluetooth、WiFi、Z－Wave、PLC、DALI、KNX、BACnet、Dynet	光电传感器、人体感应传感器	受控区域,天花板、墙壁、窗口	就地
老年人起居室、卧室	开、关，调光，变换场景，与窗帘等设备联动，调色温	不可预知时间表控制 场景控制 天然采光控制	开关控制器/调光（可以包括调色温）/时钟控制器/窗帘控制设备		光电传感器、人体感应传感器	受控区域,天花板、墙壁、窗口	就地

续表

房间或场所	功能需求	控制方式/策略	控制设备	通信方式和协议	传感器选型	传感器布置	集中/就地
住宅厨房	开、关	—	开关控制器	—	—	—	就地
住宅餐厅	开、关，调光，变换场景	可预知时间表控制 场景控制	开关控制器/调光控制器	RF（ZigBee）、Bluetooth、WiFi、Z-Wave、PLC、PoE、DALI、KNX、BACnet、Dynet、Bq-Bus、ORBIT、QS-LINK	—	—	就地
住宅卫生间	开、关	不可预知时间表控制	开关控制器		人体感应传感器	受控区域，天花板、墙壁	就地
职工宿舍	开、关，变换场景	可预知时间表控制 不可预知时间表控制 场景控制 天然采光控制	开关控制器		光电传感器	受控区域，天花板、墙壁、窗口	集中/就地
酒店式公寓	开、关，调光，变换场景	可预知时间表控制 不可预知时间表控制 场景控制 天然采光控制	开关控制器/调光控制器（可以包括调颜色，色温）		光电传感器、人体感应传感器	受控区域，天花板、墙壁、窗口	集中/就地
电梯前厅	调光	不可预知时间表控制	调光控制器		人体感应传感器	受控区域，天花板、墙壁	就地
走道、楼梯间	开、关，调光	不可预知时间表控制	开关控制器/调光控制器		人体感应传感器	受控区域，天花板、墙壁	就地
车库	开、关	不可预知时间表控制	开关控制器		人体感应传感器	受控区域，顶棚、墙壁、立柱	就地

（2）图书馆建筑智能照明控制系统的设计宜参照表 2-2 进行。

表 2-2   图书馆建筑智能照明控制系统

房间或场所	功能需求	控制方式/策略	控制设备	通信方式和协议	传感器选型	传感器布置	集中/就地
阅览室、珍善本、舆图阅览室	开、关，调光，与窗帘等设备联动	可预知时间表控制 天然采光控制 不可预知时间表控制	开关控制器/调光控制器/时间控制器/窗帘控制设备	RF（ZigBee）、PLC、PoE、DALI、KNX、BACnet、Dynet、Bq-Bus、C-Bus、ORBIT、QS-LINK	光电传感器、人体感应传感器	受控区域，天花板、墙面、窗口	集中/本地
多媒体阅览室	开、关，调光，变换场景，与窗帘设备联动	可预知时间表控制 天然采光控制 不可预知时间表控制 场景控制	开关控制器/调光控制器/时间控制器/窗帘控制设备		光电传感器、人体感应传感器	受控区域，天花板、墙面、窗口	集中/本地
陈列室、目录厅（室）、出纳厅、档案库	开、关，调光	可预知时间表控制 天然采光控制 不可预知时间表控制	开关控制器/调光控制器/时间控制器		光电传感器、人体感应传感器	受控区域，天花板、墙面、窗口	集中/本地

房间或场所	功能需求	控制方式/策略	控制设备	通信方式和协议	传感器选型	传感器布置	集中/就地
书库、书架	开、关	可预知时间表控制 不可预知时间表控制	开关控制器	RF（ZigBee）、PLC、PoE、DALI、KNX、BACnet、Dynet、Bq-Bus、C-Bus、ORBIT、QS-LINK	人体感应传感器	受控区域，天花板、墙面	集中/本地
工作间、采编、修复工作间	开、关，调光	可预知时间表控制 天然采光控制 不可预知时间表控制	开关控制器/调光控制器/时间控制器		光电传感器、人体感应传感器	受控区域，天花板、墙面、窗口	集中/本地

（3）办公建筑智能照明控制系统的设计宜参照表2-3进行。

表2-3　　　　　　　　　　办公建筑智能照明控制系统

房间或场所	功能需求	控制方式/策略	控制设备	通信方式和协议	传感器选型	传感器布置	集中/就地
普通办公室	开、关，调光，与空调通风设备联动	可预知时间表控制、天然采光控制、不可预知时间表控制	开关控制器/调光控制器		光电传感器、人体感应传感器	受控区域，天花板、墙面、窗口	就地
高档办公室	开、关，调光，调色温，变换场景，与窗帘设备联动，与空调通风设备联动	可预知时间表控制、天然采光控制、不可预知时间表控制、场景控制	开关控制器/调光控制器（可以包括调色温）		光电传感器、人体感应传感器	受控区域，天花板、墙面、窗口	就地
会议室	开、关，调光，调色温，变换场景，与窗帘设备联动，与空调通风设备联动	天然采光控制、不可预知时间表控制、场景控制	开关控制器/调光控制器（可以包括调色温）		光电传感器、人体感应传感器	受控区域，天花板、墙面、窗口	就地
接待室、前台	开、关，调光，调色温，调颜色，变换场景，与空调通风设备联动	可预知时间表控制、场景控制、天然采光控制、艺术效果的控制	开关控制器/调光控制器（可以包括调色温，调颜色）	RF（ZigBee）、PLC、PoE、DALI、KNX、BACnet、Dynet、Bq-Bus、C-Bus、ORBIT、QS-LINK	光电传感器	受控区域，天花板、墙面	集中/就地
服务大厅、营业厅	开、关，调光，与空调通风设备联动	可预知时间表控制、天然采光控制、维持光通量控制	开关控制器/调光控制器		光电传感器	受控区域，天花板、墙面	集中/就地
设计室	开、关，调光，与空调通风设备联动	可预知时间表控制、天然采光控制、不可预知时间表控制、作业调整控制	开关控制器/调光控制器		光电传感器、人体感应传感器	受控区域，天花板、墙面	就地
文件整理、复印、发行室，资料、档案存放室	开、关，调光	不可预知时间表控制	开关控制器/调光控制器		人体感应传感器	受控区域，天花板、墙面	集中/就地

（4）商店建筑智能照明控制系统的设计宜参照表2-4进行。

表2-4 商店建筑智能照明控制系统

房间或场所	功能需求	控制方式/策略	控制设备	通信方式和协议	传感器选型	传感器布置	集中/就地
一般商店营业厅、一般超市营业厅、仓储式超市、专卖店营业厅	开、关	可预知时间表控制、场景控制	开关控制器/时间控制器	RF（ZigBee）、PLC、PoE、DALI、KNX、BACnet、Dynet、Bq-Bus、C-Bus、ORBIT、QS-LINK	—	—	集中/就地
高档商店营业厅、高档超市营业厅	开、关，调光，调色温，变换场景	可预知时间表控制、天然采光控制、不可预知时间表控制、维持光通量控制、场景控制	开关/调光/时间控制器		光电传感器	受控区域，天花板、墙面、窗口	集中/就地
农贸市场	开、关	可预知时间表控制	开关控制器/时间控制器		—	—	集中/就地
收款台	开、关	可预知时间表控制	开关控制器/时间控制器		—	—	集中/就地

（5）观演建筑智能照明控制系统的设计宜参照表2-5进行。

表2-5 观演建筑智能照明控制系统

房间或场所	功能需求	控制方式/策略	控制设备	通信方式和协议	传感器选型	传感器布置	集中/就地
影院观众厅	开、关，调光，变换场景	可预知时间表控制、场景控制	开关控制器/调光控制器/时间控制器	RF（ZigBee）、PLC、PoE、DALI、KNX、BACnet、Dynet、Bq-Bus、C-Bus、ORBIT、QS-LINK	—	—	集中/就地
剧场、音乐厅观众厅	开、关，调光，调色，变换场景	可预知时间表控制、场景控制、艺术效果控制	开关控制器/调光控制器		—	—	集中/就地
排演厅	开、关，调光，调颜色，变换场景	可预知时间表控制、场景控制、艺术效果控制	开关控制器/调光（包括调颜色）控制器		—	—	集中/就地
化妆室	开、关	可预知时间表控制	开关控制器		—	—	集中/就地
观众休息厅	开、关	可预知时间表控制	开关控制器/时间控制器		—	—	集中/就地

（6）旅馆建筑智能照明控制系统的设计宜参照表2-6进行。

表 2-6 旅馆建筑智能照明控制系统

房间或场所	功能需求	控制方式/策略	控制设备	通信方式和协议	传感器选型	传感器布置	集中/就地
客房	开、关，调光，调色温，调色，变换场景	不可预知时间表控制、场景控制、天然采光控制	开关控制器/调光（可以包括调光和调色温）控制器	RF（ZigBee）、PLC、PoE、DALI、KNX、BACnet、Dynet、Bq-Bus、C-Bus、ORBIT、QS-LINK	光电传感器	受控区域，天花板、墙壁、窗口	就地
餐厅	开、关，调光，调色温，变换场景	可预知时间表控制、场景控制	开关控制器/调光（可以包括调色温）控制器		—	—	集中/就地
酒吧间、咖啡厅、大堂	开、关，调光，调色温，调色，变换场景	可预知时间表控制、场景控制、艺术效果控制	开关控制器/调光（可以包括调颜色，调色温）控制器		—	—	集中/就地
会议室	开、关，调光，调色温，变换场景，与其他系统（窗帘、空调、通风）的联动	可预知时间表控制、不可预知时间表控制、场景控制	开关控制器/调光（可以包括调色温）控制器		人体感应传感器	受控区域，天花板、墙面	集中/就地
多功能厅、宴会厅	开、关，调光，调色温，调色，变换场景，与其他系统的联动	可预知时间表控制、不可预知时间表控制、场景控制、艺术效果控制	开关控制器/调光（可以包括调色温，调颜色）控制器		—	—	集中/就地
总服务台	开、关，调光，调色温，变换场景	不可预知时间表控制、场景控制、天然采光控制	开关控制器/调光（可以包括调色温）控制器		光电传感器、人体感应传感器	受控区域，天花板、墙面、窗口	集中/就地
休息厅	开、关，调光	不可预知时间表控制	开关控制器/调光控制器		人体感应传感器	受控区域，天花板、墙面、窗口	集中/就地
客房层走廊	开、关，变换场景模式	可预知时间表控制	开关控制器时钟控制器		—	—	就地
厨房	开、关	—	开关控制器		—	—	就地
游泳池、健身房	开、关，调光	不可预知时间表控制	开关控制器/调光控制器	RF（ZigBee）、PLC、PoE、DALI、KNX、BACnet、Dynet、Bq-Bus、C-Bus、ORBIT、QS-LINK	人体感应传感器	—	就地
洗衣房	开、关，变换场景	不可预知时间表控制、场景控制、天然采光控制	开关控制器/调光控制器		光电传感器	受控区域，天花板、墙壁、窗口	就地

（7）医疗建筑智能照明控制系统的设计宜参照表 2-7 进行。

表 2-7 医疗建筑智能照明控制系统

房间或场所	功能需求	控制方式/策略	控制设备	通信方式和协议	传感器选型	传感器布置	集中/就地
治疗室、检查室、化验室、诊室	开、关，调光	可预知时间表控制/调光控制器	开关控制器/时间控制器	RF（ZigBee）、PLC、PoE、DALI、KNX、BACnet、Dynet、Bq-Bus、C-Bus、ORBIT、QS-LINK	—	—	就地

续表

房间或场所	功能需求	控制方式/策略	控制设备	通信方式和协议	传感器选型	传感器布置	集中/就地
手术室	开、关，调光	不间断照明/调光控制器、手动开关	开关控制器 EPS系统 断路器开关	—	—	—	就地
候诊室、挂号厅	开、关	可预知时间表控制、天然采光控制	开关控制器	光电传感器	—	就地
病房	开、关，调光，调色温，变换场景	可预知时间表控制、场景控制	开关控制器/调光（可以包括调色温）控制器	RF（ZigBee）、PLC、PoE、DALI、KNX、BACnet、Dynet、Bq-Bus、C-Bus、ORBIT、QS-LINK	—	—	集中/就地
走道	开、关，调光	不可预知时间表控制	开关控制器/调光控制器	人体感应传感器	—	就地
药房	开、关	可预知时间表控制	开关控制器/时间控制器	—	—	就地
护士站	开、关	—	—	—	—	就地
重症监护室	开、关	不间断照明 手动开关	EPS系统 强电开关	—	—	就地

（8）教育建筑智能照明控制系统的设计宜参照表2-8进行。

表2-8　　　　　　　　　　教育建筑智能照明控制系统

房间或场所	功能需求	控制方式/策略	控制设备	通信方式和协议	传感器选型	传感器布置	集中/就地
教室、美术教室、阅览室	开、关，调光	可预知时间表控制、天然采光控制、不可预知时间表控制	开关控制器/调光控制器	RF（ZigBee）、PLC、PoE、DALI、KNX、BACnet、Dynet、Bq-Bus、C-Bus、ORBIT、QS-LINK	光电传感器、人体感应传感器	受控区域，天花板、墙面、窗口	集中/就地
实验室	开、关，调光，变换场景	可预知时间表控制、天然采光控制、不可预知时间表控制	开关控制器/调光控制器/时间控制器		光电传感器、人体感应传感器	受控区域，天花板、墙面、窗口	集中/就地
多媒体教室	开、关，调光，变换场景	可预知时间表控制、天然采光控制、不可预知时间表控制、场景控制	开关控制器/调光控制器		光电传感器、人体感应传感器	受控区域，天花板、墙面、窗口	集中/就地
电子信息机房、计算机教室、电子阅览室	开、关，调光，变换场景	可预知时间表控制、天然采光控制、不可预知时间表控制	开关控制器/调光控制器		光电传感器、人体感应传感器	受控区域，天花板、墙面、窗口	集中/就地
楼梯间	开、关，调光	不可预知时间表控制	开关控制器/调光控制器		人体感应传感器	受控区域，天花板、墙面	集中/就地
学生宿舍	开、关，调光	可预知时间表控制、天然采光控制、不可预知时间表控制	开关控制器/调光/时间控制器		光电传感器、人体感应传感器	受控区域，天花板、墙面、窗口	集中/就地

（9）博览建筑智能照明控制系统的设计宜参照表2-9～表2-11进行。

表2-9 美术馆建筑智能照明控制系统

房间或场所	功能需求	控制方式/策略	控制设备	通信方式和协议	传感器选型	传感器布置	集中/就地
美术品售卖	开、关	可预知时间表控制、场景控制	开关控制器/时间控制器	RF（ZigBee）、PLC、PoE、DALI、KNX、BACnet、Dynet、Bq-Bus、C-Bus、ORBIT、QS-LINK	人体感应传感器	—	集中/就地
公共大厅	开、关	可预知时间表控制、场景控制	开关控制器/时间控制器		人体感应传感器	—	集中/就地
绘画展厅、雕塑展厅	开、关，调光	可预知时间表控制、场景控制	开关控制器/调光/时间控制器		人体感应传感器	—	集中/就地
藏画库	开、关	可预知时间表控制	开关控制器/时间控制器		人体感应传感器	—	集中/就地
藏画修理	开、关	可预知时间表控制	开关控制器/时间控制器		人体感应传感器	—	集中/就地
会议报告厅	开、关，调光，变换场景，与其他系统联动	可预知时间表控制、场景控制	开关控制器/调光/时间控制器		—	—	集中/就地
休息厅	开、关	可预知时间表控制、天然采光控制	开关控制器/时间控制器		光电传感器、人体感应传感器	受控区域、天花板、墙面、窗口	集中/就地

表2-10 科技馆建筑智能照明控制系统

房间或场所	功能需求	控制方式/策略	控制设备	通信方式和协议	传感器选型	传感器布置	集中/就地
科普教室、实验区	开、关，调光	可预知时间表控制	开关控制器/调光控制器	RF（ZigBee）、PLC、PoE、DALI、KNX、BACnet、Bq-Bus、Dynet、C-Bus、ORBIT、QS-LINK	—	—	集中/就地
会议报告厅	开、关，调光，变换场景	可预知时间表控制、场景控制	开关控制器/调光控制器		—	—	集中/就地
纪念品售卖厅、纪念品售卖区	开、关，调光，变换场景	可预知时间表控制、场景控制	开关控制器/调光控制器		—	—	集中/就地
儿童乐园	开、关，调光，变换场景	可预知时间表控制、场景控制	开关控制器/调光控制器		—	—	集中/就地
公共大厅、常设展厅、临时展厅	开、关	可预知时间表控制	开关控制器/时间控制器		—	—	集中/就地
球幕、巨幕、3D、4D影院	开、关，调光	可预知时间表控制、场景控制	开关控制器/调光控制器		—	—	集中/就地

表 2-11 博物馆建筑智能照明控制系统

房间或场所	功能需求	控制方式/策略	控制设备	通信方式和协议	传感器选型	传感器布置	集中/就地
序厅	开、关	可预知时间表控制	开关控制器/时间控制器		—	—	集中/就地
会议报告厅	开、关,调光,变换场景,与其他系统联动	可预知时间表控制、场景控制	开关控制器/调光控制器/时间控制器		—	—	集中/就地
美术制作室、编目室、摄影室、熏蒸室、保护修复室、文物复制室、标本制作室	开、关,调光	可预知时间表控制	开关控制器/调光控制器/时间控制器	RF（ZigBee）、PLC、PoE、DALI、KNX、BACnet、Bq-Bus、Dynet、C-Bus、ORBIT、QS-LINK	—	—	集中/就地
实验室	开、关,调光	可预知时间表控制	开关控制器/调光控制器/时间控制器		—	—	集中/就地
周转库房、藏品库房、藏品提看室	开、关	可预知时间表控制、不可预知时间表控制	开关控制器/时间控制器		人体感应传感器	受控区域,天花板、墙面	集中/就地

（10）会展建筑智能照明控制系统的设计宜参照表 2-12 进行。

表 2-12 会展建筑智能照明控制系统

房间或场所	功能需求	控制方式/策略	控制设备	通信方式和协议	传感器选型	传感器布置	集中/就地
会议室、洽谈室、宴会厅	开、关,调光,变换场景	可预知时间表控制、场景控制	开关控制器/调光控制器		—	—	集中/就地
多功能厅	开、关,调光,调色,变换场景	可预知时间表控制、场景控制、艺术效果控制	开关控制器/调光控制器		—	—	集中/就地
公共大厅	开、关,调光	可预知时间表控制、天然光控制	开关控制器	RF（ZigBee）、PLC、PoE、DALI、KNX、BACnet、Bq-Bus、Dynet、C-Bus、ORBIT、QS-LINK	光电传感器	受控区域	集中/就地
一般展厅	开、关,变换场景	可预知时间表控制、场景控制	开关控制器/时间控制器		—	—	集中/就地
高档展厅	开、关,调光,变换场景	可预知时间表控制、场景控制、艺术效果控制	开关控制器/调光控制器/时间控制器		—	—	集中/就地

（11）交通建筑智能照明控制系统的设计宜参照表 2-13 进行。

表 2－13　　　　　　　　　　　交通建筑智能照明控制系统

房间或场所	功能需求	控制方式/策略	控制设备	通信方式和协议	传感器选型	传感器布置	集中/就地
售票台、问询处	开、关	可预知时间表控制	开关控制器/时间控制器	RF（ZigBee）、PLC、PoE、DALI、KNX、BACnet、Bq－Bus、Dynet、C－Bus、ORBIT、QS－LINK	—	—	集中/就地
候车（机、船）室、中央大厅、售票大厅、海关、护照检查、安全检查、行李托运、到达大厅、出发大厅	开、关，调光	可预知时间表控制、天然采光控制	开关控制器/调光控制器/时间控制器		光电传感器	受控区域，天花板、墙面、窗口	集中/就地
通道、连接区、扶梯、换乘厅、走廊、楼梯、平台、流动区域	开、关，调光	可预知时间表控制、天然采光控制	开关控制器/调光控制器/时间控制器		光电传感器	受控区域，天花板、墙面、窗口	集中/就地
贵宾室休息室	开、关，调光，变换场景	可预知时间表控制、不可预知时间表控制、天然采光控制	开关控制器/调光控制器		光电传感器、人体感应传感器	受控区域，天花板、墙面、窗口	集中/就地
站台、地铁站厅	开、关	可预知时间表控制	开关控制器/时间控制器		—	—	集中/就地
地铁进出站门厅	开、关	可预知时间表控制、天然采光控制	开关控制器/时间控制器		光电传感器	受控区域，天花板、墙面	集中/就地

（12）金融建筑智能照明控制系统的设计宜参照表 2－14 进行。

表 2－14　　　　　　　　　　　金融建筑智能照明控制系统

房间或场所	功能需求	控制方式/策略	控制设备	通信方式和协议	传感器选型	传感器布置	集中/就地
营业大厅、客户服务中心、交易大厅	开、关，调光	可预知时间表控制、天然采光控制、不可预知时间表控制、维持光通量控制	开关控制器/调光控制器/时间控制器	RF（ZigBee）、PLC、PoE、DALI、KNX、BACnet、Bq－Bus、Dynet、C－Bus、ORBIT、QS－LINK	光电传感器	受控区域，天花板、墙面、窗口	集中/就地
营业柜台	开、关，调光	可预知时间表控制、不可预知时间表控制、维持光通量控制	开关控制器/调光控制器/时间控制器		光电传感器	受控区域，天花板、墙面、窗口	集中/就地
数据中心主机房、保管库、信用卡作业区	开、关，调光	可预知时间表控制、不可预知时间表控制	开关控制器/调光控制器		人体感应传感器	受控区域，天花板、墙面	集中/就地
自助银行	开、关	可预知时间表控制、天然采光控制、不可预知时间表控制	开关控制器/调光控制器		光电传感器、人体感应传感器	受控区域，天花板、墙面	集中/就地

（13）体育场地智能照明控制系统的设计宜参照表 2－15 进行。

表 2-15　　　　　　　　体育场地智能照明控制系统

房间或场所	功能需求	控制方式/策略	控制设备	通信方式和协议	传感器选型	传感器布置	集中/就地
有电视转播	开、关，调光，变换场景，监测	可预知时间表控制、场景控制	开关控制器/调光控制器/时间控制器	RF（ZigBee）、PLC、DALI、KNX、BACnet、Bq-Bus、Dynet、C-Bus、ORBIT、QS-LINK	—	—	集中/就地
无电视转播	开、关，调光，变换场景，监测	可预知时间表控制、场景控制	开关控制器/调光控制器/时间控制器		—	—	集中/就地

（14）建筑通用房间或场所的智能照明控制系统的设计宜参照表 2-16 进行。

表 2-16　　　　　　　建筑通用房间式场所的智能照明控制系统

房间或场所	功能需求	控制方式/策略	控制设备	通信方式和协议	传感器选型	传感器布置	集中/就地
门厅	开、关	可预知时间表控制	开关控制器	RF（ZigBee）、PLC、PoE、DALI、KNX、BACnet、Bq-Bus、Dynet、C-Bus、ORBIT、QS-LINK	—	—	集中/就地
通道、楼梯间、自动扶梯、厕所、盥洗室、休息室	开、关	可预知时间表控制、不可预知时间表控制	开关控制器		人体感应传感器	受控区域，天花板、墙面	集中/就地
电梯前厅	开、关，调光	可预知时间表控制、不可预知时间表控制	开关控制器/调光控制器/定时控制器		人体感应传感器	受控区域，天花板、墙面	集中/就地
餐厅	开、关、变换场景	可预知时间表控制、场景控制	开关控制器/时间控制器		—	—	集中/就地
公共车库	开、关	可预知时间表控制、不可预知时间表控制	开关控制器/时间控制器		人体感应传感器	受控区域，天花板、墙面	集中/就地
公共车库检修间	开、关	可预知时间表控制	开关控制器/时间控制器		—	—	集中/就地
试验室、检验、计量室、测量室	开、关，调光	可预知时间表控制	开关控制器/调光控制器/时间控制器		光电传感器、人体感应传感器	受控区域，天花板、墙面	集中/就地
机房、控制室、动力站	开、关	可预知时间表控制	开关控制器/时间控制器		人体感应传感器	受控区域，天花板、墙面	集中/就地
仓库	开、关	可预知时间表控制	开关控制器/时间控制器		人体感应传感器	受控区域，天花板、墙面、柱面	集中/就地
车辆加油站	开、关	可预知时间表控制、天然采光控制	开关控制器/时间控制器		光电传感器、人体感应传感器	受控区域，天花板、墙面、柱面	集中/就地

（15）工业建筑智能照明控制系统的设计宜参照表 2-17 进行。

表 2-17 工业建筑智能照明控制系统

房间或场所	功能需求	控制方式/策略	控制设备	通信方式和协议	传感器选型	传感器布置	集中/就地
厂房、车间、工作间	开、关，调光	作业调整控制、天然采光控制	开关控制器/调光控制器	RF（ZigBee）、PLC、PoE、DALI、KNX、BACnet、Bq-Bus、Dynet、C-Bus、ORBIT、QS-LINK	光电传感器	受控区域，天花板、墙壁、窗口	就地
更衣室、储存室	开、关	不可预知时间控制	开关控制器		人体感应传感器	受控区域，天花板、墙壁	就地
主控室	开、关，调光	维持光通量控制	开关控制器/调光控制器		光电传感器	受控区域，天花板、墙壁	就地
输送走廊、人行通道、平台、设备顶部位	开、关，调光	不可预知时间表控制	开关控制器/调光控制器		人体感应传感器	受控区域，天花板、墙壁	就地

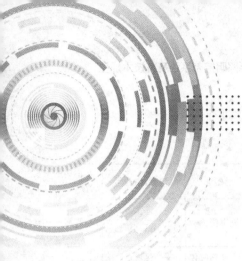

3 通信协议及光源调光原理

3.1 通信协议

智能照明控制系统中信息传输单元的最核心部分是所使用的协议,采用不同的协议会对系统的效果、造价和使用带来较大的影响。因此,国内外众多企业和协会对其做了大量研究,经查阅大量的文献资料,常用协议总结起来有以下几种,即 C-Bus 协议、EIB 协议、RS-485 协议、DALI 协议等。

3.1.1 C-Bus 协议

C-Bus 系统是 20 世纪 90 年代由澳大利亚的 Gerard Industries Dry Ltd 创立的智能型、可编程的照明管理系统。该系统中的所有的元器件均内置了存储单元或者说是微处理器,并由非屏蔽双绞线链接进行通信。另外,它也可以比较方便地应用到总线和各个单元上,也就是说不通过任何中央控制器。C-Bus 系统中每个网段可以有 100 个单元,同时网段之间能够灵活连接,如网桥、交换机、集线器等这些网段在数量上不受任何限制,系统采用自由拓扑结构,可设计成线型、树型、星型等拓扑结构,组网非常方便。C-Bus 协议组网示意图如图 3-1 所示。

C-Bus 系统协议符合 ISO 和 OSI 模型标准,同时也有很多接口单元,使得其拥有较强的拓展功能,具有设计简单、安装便捷、管理方便的优点。

1. 系统协议

C-Bus 系统遵从国际通信协议标准 IEEE Standard 802.3 CSMA/CD（Carrier Sense-Multiple Access-Collision Detection）。

Carrier Sense——载波监听,判断网络上是否有其他的主机正在传送信号。

Multiple Access——多个主机连接在同一条电缆上。

Collision Detection——防止两个或两个以上的主机同时向总线上发送信息。

2. 系统组成

一个 C-Bus 系统由系统单元、输入单元和输出单元三部分组成。

系统单元支持整个系统的运行,例如,电源模块等。

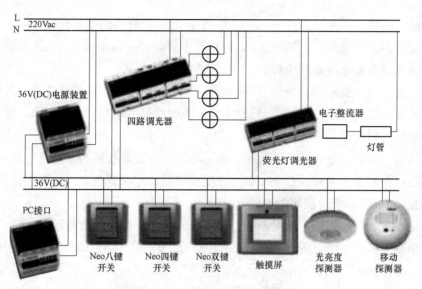

图 3-1 C-Bus 协议组网示意图

输入单元负责将外部信号/指令传入系统，例如，智能面板、传感器等。

输出单元负责接收输入单元传送的信号并执行相应的操作，如调节灯光亮度等。

3. C-Bus 系统的优越性

该系统线路简单，安装方便，易于维护，节省线材消耗量，可以降低投资成本和维修管理费用，缩短安装工期（20%左右），提高投资回报率。

运用先进的电力电子技术，不但可以实现单点、双点、多点、区域、群组控制、场景设置、定时开关、亮度手自动调节、红外线探测、集中监控、遥控等多种照明控制任务，而且可以优化能源的利用，降低运行费用。

根据用户需求和外界环境的变化，只需修改软件设置，而非改造线路，就可以调整照明布局和扩充功能，大大降低改造费用和缩短改造周期，适合于商业、工业、家居的不同使用要求。

控制回路的工作电压为安全电压直流 36V，即使开关面板意外漏电，也能确保人身安全。

当建筑物停电后，由于 C-Bus 系统中每个输入输出单元里都预存系统状态和控制指令，因此在恢复供电时，系统会根据预先设定的状态重新恢复正常工作，实现无人值守，提高物业管理水平。

C-Bus 系统具有开放性，可以和其他物业管理系统（BMS）、楼宇自控系统（BA）、保安及消防系统结合起来，符合智能大厦的发展趋势。

4. C-Bus 系统的应用范围

C-Bus 系统可对白炽灯、荧光灯、节能灯、石英灯等多种光源调光，对各种场合的灯光进行控制，满足各种环境对照明的要求。

写字楼、学校、医院、工厂——利用 C-Bus 时间控制功能使灯光自动控制,利用亮度传感器使光照度自动调节,节约能源,可进行中央监控并能与楼宇自控系统连接。修改照明布局时无需重新布线而减少投资。

剧院、会议室、俱乐部、夜总会——利用 C-Bus 调光功能及场景开关可方便地转换多种灯光场景,实现多点控制。可通过 C-Bus 控制空调、电扇、电动门窗、加热器、喇叭、蜂鸣器、闪灯等其他设备。

体育场馆、市政工程、广场、公园、街道等室外公共场合照明——利用 C-Bus 的群组控制功能可控制整个区域的灯光。利用亮度传感器、定时开关实现照明的自动化控制,利用 C-Bus 监控软件实现照明的智能化控制。

智能化小区的灯光控制——用于智能化小区的路灯和景观灯的远程、多点、定时控制,中央监控中心监控,小区会所、智能化家庭中灯光的场景、多点、群组、远程控制,以及与其他家庭智能控制器配合使用。

酒店智能照明控制——可广泛应用于酒店的大堂、休息厅、咖啡厅、贵宾室、走廊等公共区域及泛光照明。定时控制、感应控制、场景控制与本地控制相结合,并可在总服务台或中央控制室进行集中管理。亦可用于客房区域设备的本地或远程控制。

5. C-Bus 系统的架构

(1)单网络。

C-Bus 系统中每个单网络元器件数量为 100 个,系统总线的总长度不超过 1000m,每个网络的系统工作电流不超过 2A。

在 C-Bus 的网络中,IP 网关与串口网关实现同样的功能。如果使用计算机来连接 C-Bus 系统,IP 网关比 RS-232 网关更方便。

C-Bus 系统单网络架构图如图 3-2 所示。

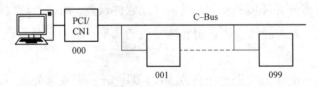

图 3-2 C-Bus 系统单网络架构图

(2)多网络(以太网拓展)。

当一个系统的设备需求远远大于单个网络的容量时,可以通过 C-Bus 的 IP 网关或者 C-Bus 网桥来连接多个网络。

C-Bus 网关支持 10MB 带宽,利用它可以直接连接到以太网中。

一个 C-Bus 系统最多支持 255 个网络,网络地址可以是 0~254 中的任意一个。

如果是在一个需要具备实时监控反馈以及中央控制的大型网络中,推荐采用 IP 网关来进行各网络的连接。

C-Bus 系统多网络(以太网拓展)架构图如图 3-3 所示。

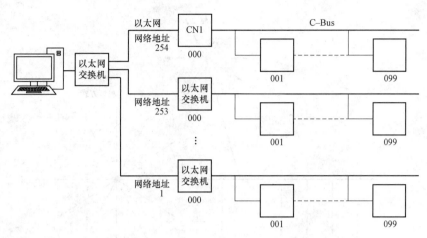

图 3-3 C-Bus 系统多网络（以太网拓展）架构图

（3）多网络（网桥拓展）。

当 C-Bus 单网络系统中的元器件数，或者总线长度超出限定值，则必须使用网桥（NB-Network Bridge）。

网桥的作用是用来分隔网络，使各个网络相互隔离。

最多使用 6 个网桥进行横向顺序拓展。

拓展后的网络可由程序自由设定通信方式，是双向通信、单相通信或者是不通信。

C-Bus 系统多网络（网桥拓展）如图 3-4 所示。

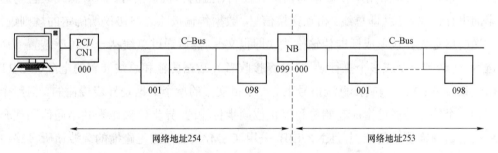

图 3-4 C-Bus 系统多网络（网桥拓展）架构图

6. 网络拓扑结构

C-Bus 系统网络拓扑结构多种多样，可以采用自由拓扑方式、星型方式、菊花链方式和 T 型方式。禁止采用环网形成闭环。C-Bus 网络拓扑结构图如图 3-5 所示。

3.1.2 KNX/EIB 协议

1. 系统协议

KNX/EIB 技术源于欧洲，是唯一一个对所有住宅和楼宇控制方面的应用开放的世界性标准 ISO/IEC 14543-3，于 2007 年正式成为中国 HBES（Home and Building Electronic Systems）住宅和楼宇电子系统国家标准 GB/Z 20965—2007。该系统通过一条总线将所有

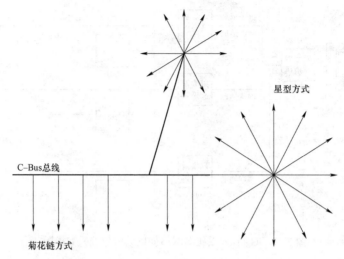

星型方式

C-Bus总线

菊花链方式

图 3-5　C-Bus 系统网络拓扑结构图

的元器件连接起来,每个元器件均可独立工作,同时又可通过中控计算机进行集中监视和控制。通过计算机编程,各元件既可独立完成诸如开关、控制、监视等工作,又可根据要求进行不同组合,从而实现不增加元件数量而功能却可灵活改变的效果。

其应用包括照明和多种安全系统的关闭控制、加热、通风、空调、监控、报警、用水控制、能源管理、测量以及家居用具、音响及其他众多领域。它是一个基于事件控制的分布式总线系统。系统采用串行数据通信进行控制、监测和状态报告。所有总线装置均通过共享的串行传输连接(即总线)相互交换信息。数据传输按照总线协议所确定的规则进行。需发送的信息先打包形成标准传输格式(即报文),然后通过总线从一个传感装置(命令发送者)传送到一个或多个执行装置(命令接收者)。数据传输和总线装置的电源(DC 24V)共用一条电缆。报文调制在直流信号上。一个报文中的单个数据是异步传输的,但整个报文作为一个整体是通过增加起始位和停止位同步传输的。异步传输作为共享通信物理介质的总线的访问需要访问控制,KNX/EIB 采用 CSMA/CA(避免碰撞的载波侦听多路访问协议)、CSMA/CD 协议保证对总线的访问在不降低传输速率的同时不发生碰撞。虽然所有总线装置都在侦听并传输报文,但只有具体相应地址的装置才做出响应。

KNX 协议组网示意图如图 3-6 所示。

2. KNX/EIB 系统的优越性

(1)集成控制。可对灯光、遮阳板、空调、地暖等进行集成式控制。

(2)舒适。创造了安全、健康、宜人的生活及工作环境。

(3)节能。现代化住宅应在满足使用者对环境要求的前提下,尽量利用自然光及人员活动来调节室内照明环境和温度环境,最大限度地减少能量消耗。

(4)灵活。能满足多种用户对不同环境功能的要求。KNX 系统是开放式、大跨度框架结构,允许用户迅速而方便地改变建筑物的使用功能或重新规划建筑平面。

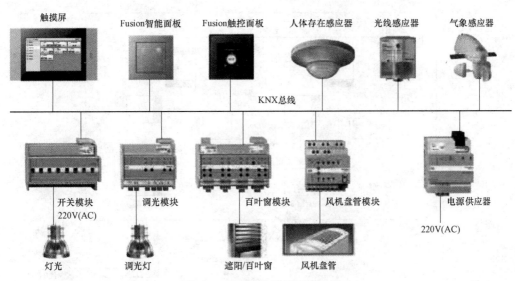

图 3-6 KNX 协议组网示意图

（5）经济。自动化提供了实现节能运行与管理的必要条件，同时可大量减少管理与维护人员，降低管理费用，提高劳动效率，并提高管理水平。

（6）安全。可与消防系统进行联动，当消防报警时，可将正常照明回路强行切断，应急回路强行点亮，从而降低火灾的风险，提高建筑的安全性。

3. 系统结构

系统最小的结构称为支线，最多可以有 64 个总线元件在同一支线上运行。KNX 系统支线架构图如图 3-7 所示。

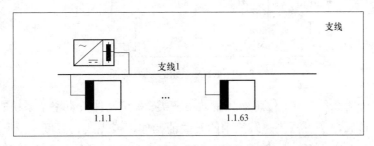

图 3-7 KNX 系统支线架构图

当总线连接的总线元器件超过 64 个或需选择不同的结构时，则最多可以有 15 条支线通过线路耦合器（LC）组合连接在一条主线上。图 3-8 所述结构称为域。每条支线可以连接 64 个总线元器件，一个域包含 15 条支线，故一个域可以连接 15×64 个总线元件。KNX 系统主线架构图如图 3-8 所示。

总线可以按主干线的方式进行扩展，干线耦合器（BC）将其域连接到主干线上。总线上最多可以连接 15 个域，故可以连接总计 14 400 个总线元件。KNX 系统总线架构图如图 3-9 所示。

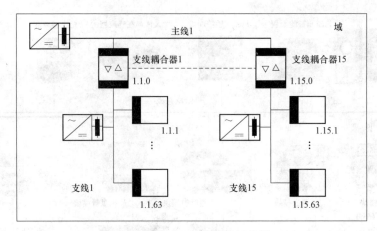

图 3-8 KNX 系统主线架构图

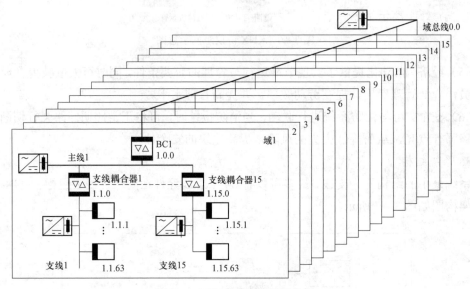

图 3-9 KNX 系统总线架构图

总线元件分为系统元件、传感器和驱动器三类。系统元件负责整个系统的运行，例如，电源模块等。传感器负责探测建筑物中的开关的操作，或光线、温度、湿度等信号变化，例如，智能面板人体感应、光感、温控面板等。驱动器负责接收传感器传送的信号并执行相应的操作，如开、关，调节灯光的亮度，控制窗帘的开合、空调开关等。

KNX 系统的拓扑结构相对自由，可有以下几种方式（图 3-10～图 3-12）：

图 3-10 总线型或串联连接

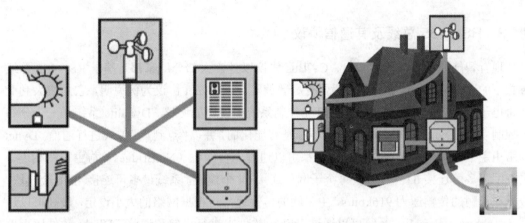

图 3-11　星型联结　　　　　　　　　图 3-12　树型连接或复合型连接

总线原件距离示意图如图 3-13 所示，模块安装示意图如图 3-14 所示。

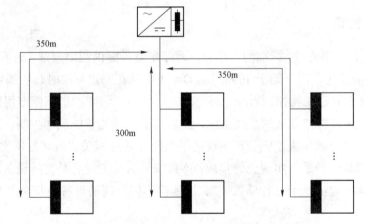

图 3-13　总线原件距离

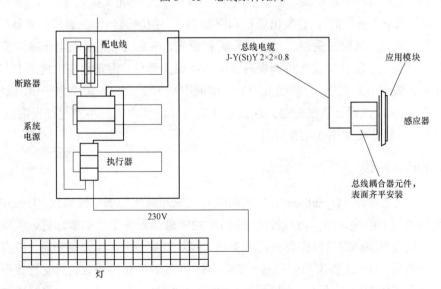

图 3-14　模块安装示意图

3.1.3　RS-485 总线及其通信协议

现有智能照明产品除了 EIB、C-Bus 协议以外，大部分厂家都是基于 RS-485 总线方式下的通信协议，比如路创、爱瑟菲、毅德等。以 Dynet 协议为例说明，它是澳大利亚邦奇电子工程公司在 Dynalite 智能灯光控制系统中使用的协议。Dynalite 系统是一个分布式控制系统。Dynet 网络上的所有设备都是智能化的，并以"点到点"方式进行通信。Dynet 网络由主干网和子网构成。每个子网都可以通过一台网桥（NetBridges）与主干网相连，主干网最多可连接 64 个子网，每个子网可连接 64 个模块，系统最多可连接 4096 个模块。数据在子网的传输速为 916kbit/s，主干网的传输速率可根据网络的大小设定，最高可以达到 5716kbit/s。Dynalite 系统可以通过 Dlight 软件来进行设定和调整。Dlight 软件还可以对系统的运行情况进行监控，自动检测坏灯及报告灯具寿命、工作运行状态等，从而管理整个系统。

3.1.4　DALI 协议

DALI 协议作为 IEC929 标准的一部分，为灯光设备提供通信规则。它问世于 20 世纪 90 年代中期，商业化应用开始于 1998 年。DALI 协议在制定标准时，明确定位不是开发功能性最强、复杂的建筑物控制系统，而是建立一个结构清晰的镇流器专用照明系统。因此 DALI 一般不用来构建复杂的总线系统，而多用于室内的智能照明控制；但 DALI 系统可以独立运行，也可以作为建筑管理系统的子系统，通过网关或者转发器实现双向通信，与楼宇自动化的其他子系统实现无缝集成；该系统的另一大优势是支持设备编址，每个镇流器都可以根据设定的地址进行单独控制，这使得不同厂商的设备在一个照明系统中可以相互兼容。

DALI 系统采用两条控制线，最多可以控制 64 个独立单元（物理地址），16 个组（地址组），16 个场景（场景值）。它发出地址和强度信号，控制调光镇流器或调光器内的 0～10V 输入控制电压，从而对受控灯具实施开关和调光。该系统可集成在电子镇流器或调光器内，也可作为一个附件安装在可调光的镇流器或调光器外，由布置在室内的 DALI 控制器实施控制。根据 IEC 929，控制线上的最大电流限制为 250mA，每个电子镇流器的电流消耗设定在 2mA，在设计系统时必须保证设备数目和最大电流都不能超过极限值。

DALI 协议拓扑图如图 3-15 所示。

3.1.5　Dynet 协议

Dynet 协议是邦奇（Dynalite）公司面向照明系统的封闭控制总线协议。Dynalite 系统采用 4 线制两对双绞线，即一对双绞线提供 DC12V 总线设备工作电源，另一对双绞线用于传输总线设备信息。安装时推荐使用五类线（四对双绞线）作为传输介质，没有用到的线可以作为备用。Dynet 协议是一种基于 RS-485 四线制的传输协议，只支持线型网络拓扑结构，每个子网都可以通过一台网桥（NetBridges）与主干网相连，主网可通过网桥连

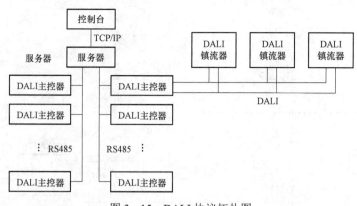

图 3-15 DALI 协议拓扑图

接 64 个子网，每个子网可连接 64 个总线设备单元。系统最多可连接 4096 个模块。数据在子网的传输速率为 9.6kbit/s，主干网的传输速率可根据网络的大小设定，最高可以达到 57.6kbit/s.Dynalite 系统可以通过 Dlight 软件来进行设置和调整。Dlight 软件还可以对系统的运行情况进行监控，自行检测灯具的损坏并报告灯具的寿命、工作运行状态等，从而管理整个系统。

3.1.6 DMX512 协议

DMX512 协议是美国舞台灯光协会（USITT）于 1990 年发布的灯光控制器与灯具设备进行数据传输的工业标准，其图标如图 3-16 所示。全称是 USITTDMX512（1990），包括电气特性、数据协议、数据格式等方面的内容。DMX512 是 Digital Multiplex with 512 pieces of information 的缩写，意为多路数字传输（具有 512 条信息的数字多路复用）。

图 3-16 usitt 图标

与 DALI 协议用于表现静态效果刚好相反，DMX512 主要用于表现被照物的动态效果，即 DMX 控制的灯给人的感觉是一直在变动，以色彩变化为主，适合渲染气氛，所以一般应用在景观灯和舞台灯光。

DMX512 协议架构如图 3-17 所示，若干台 RGB 灯具，每一台灯具内部都包含 1 个 DMX 模块，该模块在同时接收到了电源供电和控制器信号的情况下，才会驱动 LED 灯珠亮暗变化，从而来调节颜色的变化。

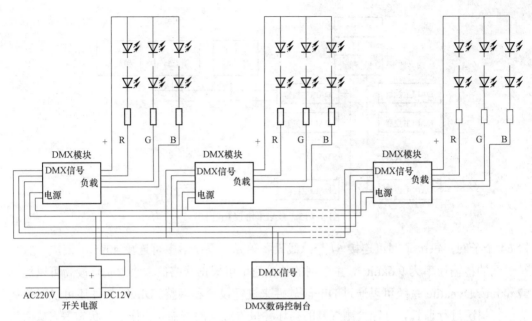

图 3-17　DMX512 协议架构图

　　这里要介绍一下 RGB 灯具：

　　RGB 是从颜色发光的原理来设计的，其颜色混合方式就好像有红、绿、蓝三盏灯，当它们的光相互叠合的时候，色彩相混，而亮度却等于两者亮度的总和，越混合亮度越高，即加法混合。

　　红、绿、蓝三盏灯的叠加情况，中心三色最亮的叠加区为白色，越叠加越明亮是加法混合的特点。

　　红、绿、蓝三个颜色通道每种色各分为 256 阶亮度，在 0 时"灯"最弱（是关掉的），而在 255 时"灯"最亮。当三色灰度数值相同时，产生不同灰度值的灰色调，即三色灰度都为 0 时，是最暗的黑色调；三色灰度都为 255 时，是最亮的白色调。

　　RGB 颜色称为加成色，因为通过将 R、G 和 B 添加在一起（即所有光线反射回眼睛）可产生白色。加成色用于照明光、电视和计算机显示器。例如，显示器通过红色、绿色和蓝色荧光粉发射光线产生颜色。绝大多数可视光谱都可表示为红、绿、蓝（RGB）三色光在不同比例和强度上的混合。这些颜色若发生重叠，则产生青、洋红和黄。

　　RGB 灯是以三原色共同交集成像，此外，也有蓝光 LED 配合黄色荧光粉，以及紫外 LED 配合 RGB 荧光粉，整体来说，这两种都各有其成像原理。

　　某些 LED 背光板出现的颜色特别清楚而鲜艳，甚至有高画质电视的程度，这种情形正是 RGB 的特色，标榜红就是红、绿就是绿、蓝就是蓝的特性，在光的混色上，具备更多元的特性。

　　白光 LED 与 RGB LED 两者殊途同归，都是希望达到白光的效果，只不过一个是直接以白光呈现，另一个则是以红绿蓝三色混光而成。

　　目前的显示器大多采用 RGB 颜色标准，在显示器上，是通过电子枪打在屏幕的红、绿、蓝三色发光极上来产生色彩的，目前的计算机一般都能显示 32 位颜色，有 1000 万种以上的颜色。

计算机屏幕上的所有颜色，都由红色、绿色、蓝色三种色光按照不同的比例混合而成的。一组红色、绿色、蓝色就是一个最小的显示单位。屏幕上的任何一个颜色都可以由一组 RGB 值来记录和表达。

在计算机中，RGB 的所谓"多少"就是指亮度，并使用整数来表示。通常情况下，R、G、B 各有 256 级亮度，用数字表示为从 0，1，2，…直到 255。注意虽然数字最高是 255，但 0 也是数值之一，因此共 256 级。

按照计算，256 级的 RGB 色彩总共能组合出约 1678 万种色彩，即 $256 \times 256 \times 256 = 16\,777\,216$。通常也被简称为 1600 万色或千万色，也称为 24 位色（2 的 24 次方）。

在 LED 领域利用三合一点阵全彩技术，即在一个发光单元里由 RGB 三色晶片组成全彩像素。随着这一技术的不断成熟，LED 显示技术会给人们带来更加丰富真实的色彩感受。

DMX512 在其物理层采用 EIA − 485 差分信号，结合可变尺寸，基于分组的通信协议，它是单向的。DMX512 不包含自动错误检查和纠正功能，因此不适用于危险应用，如烟火或舞台装置的移动。电磁干扰、静电放电、不正确的电缆端接、电缆过长或电缆质量都可能造成虚假触发，但是在连接控制器（如照明控制台）与调光器和特效设备等方面都有广泛应用。

1. DMX512 指令帧

每一个 DMX 控制字节叫作一个指令帧，称作一个控制通道，可以控制灯光设备的一个或几个功能。一个 DMX 指令帧由 1 个开始位、8 个数据位和 2 个结束位共 11 位构成，采用单向异步串行传输，如图 3 − 18 所示。

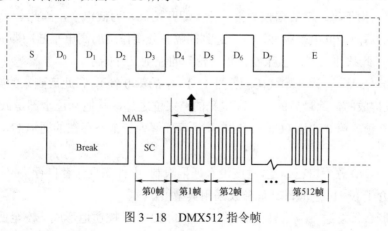

图 3 − 18   DMX512 指令帧

图 3 − 18 中虚线内控制指令中的 S 为开始位，宽度为一个比特，是受控灯具准备接收并解码控制数据的开始标志。

E 为结束位，宽度为两个比特，表示一个指令帧的结束。

$D_0 \sim D_7$ 为 8 位控制数据，其电平组合从 00000000 ~ 11111111 共有 256 个状态（对应

十进制数的 0～255）。控制灯光的亮度时，可产生 256 个亮度等级，00000000（0）对应灯光最暗，11111111（255）对应灯光最亮。

DMX512 指令的位宽（每比特宽度）是 4μs，每一个指令帧 11 位，故指令帧宽度为44μs，传输速率为 250kbit/s。

2. DMX512 信息包

一个完整的 DMX512 信息包（Packet）由一个 MTBP 位、一个 Break 位、一个 MAB 位、一个 SC 和 512 个数据帧构成，DMX512 信息包的定时表见表 3-1。

表 3-1 　　　　　　　　　　DMX512 信息包的定时表

描述	最小值	典型值	最大值	单位
Break	88	88	1 000 000	μs
MAB	4	8	12	μs
指令帧		44		μs
开始位		4		μs
停止位		8		μs
数据位		4		μs
MTBP	0	NS	1 000 000	μs

MTBP（Mark Time Between Packets）标志着一个完整的信息包发送完毕，是下一个信息包即将开始的"空闲位"，高电平有效。

Break 为中断位，对应一个信息包结束后的程序复位阶段，宽度不少于两个帧（22bit），程序复位结束后应发送控制数据。

MAB 位，由于每一个数据帧的第一位（即开始位）为低电平，因此必须用一个高电平脉冲间隔前后两个低电平脉冲，这个起到间隔、分离作用的高电平脉冲即 MAB（Mark After Break），此脉冲一到，意味着"新一轮"的控制又开始了。

SC（Start Code）意为开始代码帧（图 3-18 中的第 0 帧），和此后到来的数据帧一样，也是由 11 位构成的，除最后的两个高电平的结束位之外，其他 9 位全部是低电平，通常将其叫作第 0 帧或第 0 通道（Ch～nel No 0），可理解为一个不存在的通道（Non 一～istent Channel）。

表 3-1 中 NS 意为自己设定，宽度没有严格限制，由程序设计者自行决定，比如 MTBP 的宽度可以介于 0～1s 之间，其他建议采用典型值。

调光控制台每发送一个信息包，可以对全部 512 个受控通道形成一次全面的控制。发送一个信息包的时间大约是 23ms，每秒钟将对所有 512 个受控通道完成 44 次控制，即受控光路的刷新频率为 44Hz，如果实际受控通道少于 512 个，那么刷新频率将相应提高。

3.1.7 电力载波

电力载波通信即 PLC，是英文 Power Line Communication 的简称。电力载波是电力系统特有的通信方式，电力载波通信是指利用现有电力线，通过载波方式将模拟或数字信号进行高速传输的技术。其最大特点是不需要重新架设网络，只要有电线就能进行数据传递。

PLC 的优点为：

（1）不需要重新架设网络，只要有电线就能进行数据传递，无疑成为解决智能家居数据传输的最佳方案之一。同时因为数据仅在家庭这个范围中传输，远程对家电的控制也能通过传统网络先连接到 PC，然后再控制家电方式实现，PLC 调制解调模块的成本也远低于无线模块。

（2）相对于其他无线技术，传输速率快。电力线载波通信因为有以下缺点，导致其在"电力上网"中未能大规模应用：

1）配电变压器对电力载波信号有阻隔作用，所以电力载波信号只能在一个配电变压器区域范围内传送。

2）三相电力线间有很大信号损失（10～30dB）。通信距离很近时，不同相间可能会收到信号。一般电力载波信号只能在单相电力线上传输。

3）不同信号耦合方式对电力载波信号损失不同，耦合方式有线－地耦合和线－中线耦合。线－地耦合方式与线－中线耦合方式相比，电力载波信号少损失十几分贝，但线－地耦合方式不是所有地区电力系统都能适用的。

4）电力线存在本身固有的脉冲干扰。使用的交流电有 50Hz 和 60Hz，其周期为 20ms 和 16.7ms，在每一交流周期中，出现两次峰值，两次峰值会带来两次脉冲干扰，即电力线上有固定的 100Hz 或 120Hz 脉冲干扰，干扰时间约 2ms，因此此干扰必须加以处理。有一种利用波形过 0 点的短时间内进行数据传输的方法，但由于过零点时间短，实际应用与交流波形同步不好控制，现代通信数据帧又比较长，所以难以应用。

5）电力线对载波信号造成高削减。当电力线上负荷很大时，线路阻抗可达 1Ω 以下，造成对载波信号的高削减。实际应用中，当电力线空载时，点对点载波信号可传输到几千米。但当电力线上负荷很大时，只能传输几十米。

3.1.8　无线通信

无线通信（Wireless Communication）是利用电磁波信号在自由空间中传播的特性，进行信息交换的一种通信方式。

天线对于无线通信系统来说至关重要，在日常生活中可以看到各式各样的天线，天线的主要功能可以概括为完成无线电波的发射与接收。发射时，把高频电流转换为电磁波发射出去；接收时，将电磁波转换为高频电流。一般情况，不同的电波具有不同的频谱，无线通信系统的频谱由几十兆赫兹到几千兆赫兹，包括了收音机、手机、建筑设备通信、卫星电视等使用的波段，这些电波都使用空气作为传输介质来传播，为了防止不同应用之间的相互干扰，就需要对无线通信系统的通信信道进行必要的管理。各个国家都有自己的无线管理结构，如美国的联邦通信委员会（FCC）、欧洲的典型标准委员会（ETSI）。我国的无线电管理机构为中国无线电管理委员会，其主要职责是负责无线电频率的划分、分配与指配，卫星轨道位置的协调和管理，无线电的监测、检测、干扰查处，协调处理电磁干扰事宜和维护空中电波秩序等。一般情况，使用某一特定的频段需要得到无线电管理部门的许可，当然，各国的无线电管理部门也规定了一部分频段是对公众开放的，不需要许可使用，以满足不同的应用需求，比如工业、科学和医疗（Industrial、Scientific and Medical，ISM）频带，在我国为低于 135kHz 频带，在北美、日本等地为低于 400kHz 的频带。各国对无线电频谱的管理不仅规定了 ISM 频带的频率，同时也规定了在这些频带上所使用的发射功率，在项目开发过程中，需要查阅相关的手册，如我国信息产业部发布的《微功率（短距离）无线电设备管理规定》。

比如，IEEE 802.15.4（ZigBee）工作在 ISM 频带，定义了两个频段，2.4GHz 频段和 896/915MHz 频段。在 IEEE 802.15.4 中共规定了 27 个信道：

（1）在 2.4GHz 频段，共有 16 个信道，信道通信速率为 250kbit/s。

（2）在 915MHz 频段，共有 10 个信道，信道通信速率为 40kbit/s。

（3）在 896MHz 频段，有 1 个信道，信道通信速率为 20kbit/s。

智能照明控制系统常用的无线通信协议如下：

（1）ZPLC。

ZPLC 是指利用现有电力线，通过在交流电过零点进行信号调制传输的电力通信技术，其最大特点是无弱电线，体积小，抗干扰能力强，传输距离远，只要有电力线就能进行照明控制信号的数据传递。

（2）蓝牙（BLE&Mesh）。

蓝牙协议分为经典蓝牙和低功耗蓝牙（BLE）。经典蓝牙适用于音频流媒体传输，如无线耳机、麦克风等；低功耗蓝牙适用于遥控器、手环、灯和家电等需要和智能手机直接相连接收控制信号的设备。

BLE 的工作频率是 2.4GHz，蓝牙规范中定义了 40 个 RF 通道，通道间隔 2MHz，其中 3 个通道是广播通道，用于发现设备、建立连接和广播等。而在 BLE 5.0 规范中，剩余的 37 个通道既可以用于数据传输，也可以用于广播通道。相比于 BLE 4.2 之前规范中定义的数据速率 1Mbit/s，BLE 5.0 增加了一个 2Mbit/s 的 PHY，数据吞吐率可以提高到 1.4Mbit/s。另外，BLE 5.0 的发射功率提升到了 100mW（20dBm）。

Mesh 是蓝牙低功耗（Bluetooth LE）的一种全新网络拓扑结构选择，于 2017 年夏季推出。它代表蓝牙技术的一项重要发展，将蓝牙定位为包括智能楼宇和工业物联网在内的各大新领域和新用例的主流低功耗无线通信技术。蓝牙 Mesh 协议是一种基于网络泛洪管理的协议，泛洪的模式简单且易于实现。

蓝牙 Mesh 网络通过中继功能解决单点故障问题，它包括中继功能、低功耗功能、友邻功能和代理功能。蓝牙 Mesh 网络最大的优势是支持手机连接，然而现在的手机不支持蓝牙 Mesh，因此蓝牙 Mesh 网络需要至少一个代理节点来实现和手机的通信。

低功耗蓝牙彩控灯解决方案主要以 SKYLAB BLE 蓝牙模块 SKB360/SKB362 为基础，实现智能蓝牙 LED 灯的色彩控制等功能。目前 SKYLAB 的低功耗蓝牙彩控灯方案分为两种：一种是 1:1 的，1 个手机控制 1 个 LED 灯，即低功耗蓝牙彩控灯方案说明，手机蓝牙和彩灯上的 BLE 蓝牙模块进行配对，实现 APP 命令控制彩灯蓝牙，实现不同的功能等。

另一种是智能照明蓝牙 Mesh 灯控方案，在蓝牙 Mesh 灯控方案中，需要将蓝牙 Mesh 模块 SKB369 内置在 LED 灯内，用户通过手机连接 Mesh 网络中任何一个 LED 灯，就可以控制 Mesh 网络中任意一个或一组灯。蓝牙开关可以作为一个节点，控制 Mesh 网络中所有灯的开关，或者设置不同的场景模式。用户还可以对 Mesh 网络中的 LED 灯进行分组控制，可以对 Mesh 网络中的 LED 灯进行调光、调色；设置不同的场景模式，定时开关等操作。

（3）无线（WiFi）。

无线（WiFi）照明系统和蓝牙网络照明系统之间最显着的区别在于通信方式。基于中央网络的 WiFi 称为路由器，并且所有命令和流量都通过该路由器。每个灯具都必须用无线网络通信。如果路由器不能用，则设备的网络将无法进行通信。

（4）ZigBee。

ZigBee 是一种低速短距离传输的无线网上协议，底层采用 IEEE 802.15.4 标准规范的媒体访问层与物理层。其主要特色有：

1）数据传输速率低：10～250kbit/s，专注于低传输应用。

2）功耗低：在低功耗待机模式下，两节普通 5 号电池可使用 6～24 个月。

3）成本低：ZigBee 的数据传输速率低，协议简单，可以大大降低成本。

4）网络容量大：网络可容纳 65 000 个设备。

5）时延短：通常时延都在 15～30ms。

6）安全：ZigBee 提供了数据完整性检查和鉴权功能，采用 AES－128 加密算法（美国新加密算法，是目前最好的文本加密算法之一）。

ZigBee 的网络拓扑结构主要有星型网络和网型网络。不同的网络拓扑对应于不同的应用领域，在 ZigBee 无线网络中，不同的网络拓扑结构对网络节点的配置也不同，网络节点的类型有协调器、路由器和终端节点。

MESH 网状网络拓扑结构的网络具有强大的功能，网络可以通过多级跳的方式来通信。该拓扑结构还可以组成极为复杂的网络，网络还具备自组织、自愈功能。

（5）Jennet－IP。

Jennet－IP 以恩智浦（NXP）的 Jennet 网络通信协议栈为基础，安全性能较高，能够提供 128 位 AES 加密算法和设备加入功能，于 2011 年以开源授权方式发布。Jennet－IP 的主要特性在于，它是以 IP 协议为基础的网络协议，符合 IEEE 和 IEFT 发布的标准，符合低功耗、低成本的大规模节点网络需求，能够与无线设备和公用网络 IP 形成无缝链接，是目前 2.4GHz 较成熟的解决方案的代表，能够与 WiFi、蓝牙共存，具备常用的 API 接口。

Jennet－IP 的主要特性包括：

1）支持网关或无网关运行，可连接到互联网或进行单机操作。

2）超低待机功耗，支持路由层优化技术，低功耗无线链路。

3）高安全性 128 位 AES 加密，安全验证和设备加入，可靠性。

4）内核小巧，低内存占用，不到 128 个字节，低成本，开源授权。

5）普及性：Jennet－IP 在 LR－WPAN 网络中使用 IPv6，基于 IP 网络的广泛应用，作为下一代互联网核心技术的 IPv6，更容易得到不同领域的融合。

6）适用性强：IP 网络协议架目前受到广泛认可，新一代互联网络也是以 IP 网络协议为基础的，因此，融合 IPv6 协议的 LR－WPAN 网络具有更强的适应性，开发和应用更为简单。

7）更多地址空间：运用 IPv6 的 LR－WPAN 网络可以提供庞大的地址空间。这正是大规模、高密度低功耗无线网络设备的需要。

8）实现地址自动匹配：节点处于激活状态时，属于 IPv6 网络的节点能够自行读取自身 MAC 地址，并根据既定的规则转换成节点的 IPv6 地址，这个特性对于无线传感器网络非常重要，因为在一般情况下，对于大规模的无线传感网络节点不坑内分别进行界面配置，所以节点能够自行进行网络配置将从根本上提高实际应用的价值。

9）易接入：运用 IPv6 的 LR－WPAN 网络，接入其他 IP 网络的难度将大大降低，随着下一代互联网的发展，使不同的网络都可充分利用 IP 网络内的所有资源。

10）易开发：随着新一代 IP 网络发展，基于 IPv6 的应用技术逐渐成熟，运用 IPv6 的 LR－WPAN 网络，可以更为容易对成熟技术进行整合，大大简化了协议发展过程。

（6）Z－Wave。

Z－Wave 是一种新兴的基于射频、低成本、低功耗、高可靠、适于网络的短距离无线通信技术。工作频带为 908.42（美国）～868.42MHz（欧洲），采用 FSK（BFSK/GFSK）调制方式，数据传输速率为 9.6kbit/s，信号的有效覆盖范围在室内是 30m，室外可超过 100m，适合于窄宽带应用场合。

1）网络结构。每一个 Z－Wave 网络都拥有自己独立的网络地址（HomeID）；网络内每个节点的地址（NodeID），由控制节点（Controller）分配。每个网络最多容纳 232 个节点（Slave），包括控制节点在内。控制节点可以有多个，但只有一个主控制节点，即所有网络内节点的分配，都是由主控制节点负责，其他控制节点只是转发主控制节点的命令。已入网的普通节点，所有控制节点都可以控制。超出通信距离的节点，可以通过控制器与受控节点之间的其他节点，以路由（Routing）的方式完成控制。

2）路由技术。Z－Wave 采用了动态路由技术，每个 Slave 内部都存有一个路由表，该路由表由 Controller 写入。存储信息为该 Slave 入网时，周边存在的其他 Slave 的 NodeID。这样每个 Slave 都知道周围有哪些 Slaves，而 Controller 存储了所有 Slaves 的路由信息。当 Controller 与受控 Slave 的距离超出最大控制距离时，Controller 会调用最后一次正确控制该 Slave 的路径发送命令，如果该路径失败，则从第一个 Slave 开始重新检索新的路径。

3）与 ZigBee 的区别。在实践中，Z－Wave 和 ZigBee 非常相似，但也存在一些显著的差异。其一，ZigBee 与 WiFi 和蓝牙网络使用相同的 2.4GHz 无线频段，这可能会导致干扰的问题。相比之下，Z－Wave 接收和传输频率要低得多——欧洲为 868.42MHz，美洲为 908.4MHz，有助于 Z－Wave 处理比 ZigBee 更长的设备间距离。

Z－Wave 提供了较好的互操作性，而 ZigBee 系统的实现因厂商而异。然而，随着越来越多的公司采用最新的 ZigBee 3.0 协议，ZigBee 正在迎头赶上。

Z－Wave 协议支持网络上最多 232 个设备，而 ZigBee 可以支持数千个设备。尽管 Z－Wave 在美国市场表现强劲，但在英国，得益于飞利浦和宜家等欧洲大型制造商的支持，在智能照明领域应用 ZigBee 协议的会更多一些。尤其亚马逊 Echo Plus 还内置了一个 ZigBee 集线器，很方便，而 Z－Wave 则需要一个单独的控制器，比如三星的 SmartThings 集线器或罗技的 Harmony 集线器。

（7）2.4G。

2.4G 是一种无线技术，由于其频段处于 2.400～2.483 5GHz 之间，简称为 2.4G 无线技术，是市面上三大主要无线技术（包括 Bluetooth、27M、2.4G）之一。

2.4G 产品应用比较广泛，有些芯片性能也很不错，但价格偏高，很难进入量产。为降低成本，JF24D 模块采用裸片绑定，虽然性能指标略低于具有代表性的 nRF2401 CC2500 A7105，但它的价格要比它们低很多，完全可以满足一般需要双向数据传输及双向遥控的短距离产品应用。

单发单收的产品使用比较简单，加电加信号就发射，收到信号就有输出，纯硬件产品单向传输，不需要软件程序的支持就可以完成收发功能。2.4G 产品就比较复杂化了，芯片内有 CPU，需要软件程序的支持，必须要有单片机的指令才可以完成双向收发功能。单发单收的产品成本低廉应用广泛，但存在着严重的无法避免的同频干扰，2.4G 产品具有跳频功能，一般都有几十至 100 多个通道可以避开干扰。但 2.4G 产品复杂的软件程序也使一些不懂单片机的工程师望而却步，同时 2.4G 产品的功耗及成本还有对墙体的穿透性能下降也影响在低端产品的普及应用。

3.2 光源调光原理及控制信号

调光是改变照明装置光输出的过程，既可以是连续性的，也可以是步进式的。调光的方法很多，比如可变电阻调光法、调压器调光法、脉冲调频调光法、脉冲调相调光法、晶闸管相控调光法、波宽控制调光法等。下面对调光原理、光源调光方式和调光控制信号进行总结。

3.2.1 调光原理

1. 切相调光

（1）前沿切相（FPC）——晶闸管调光。

前沿调光就是采用晶闸管电路，从交流相位 0 开始，输入电压斩波，直到晶闸管导通时，才有电压输入。其原理是调节交流电每个半波的导通角来改变正弦波形，从而改变交流电流的有效值，以此实现调光的目的。

前沿调光器具有调节精度高、效率高、体积小、重量轻、容易远距离操纵等优点，在市场上占主导地位，多数厂家的产品都是这种类型调光器。前沿相位控制调光器一般使用晶闸管作为开关器件，所以又称为晶闸管调光器。

在 LED 照明灯上使用 FPC 调光器的优点是：调光成本低，与现有线路兼容，无需重新布线。缺点是 FPC 调光性能较差，通常导致调光范围缩小，且会导致最低要求负荷都超过单个或少量 LED 照明灯额定功率。因为晶闸管半控开关的属性，只有开启电流的功能，而不能完全关断电流，即使调至最低依然有弱电流通过，而 LED 微电流发光的特性，使得用晶闸管调光大量存在关断后 LED 仍然有微弱发光的现象存在，成为目前这种免布线 LED 调光方式推广的难题。

（2）后沿切相（RPC）——MOS 管调光。

后沿切相控制调光器由场效应晶体管（FET）或绝缘栅双极型晶体管（IGBT）晶闸管制成。后沿切相调光器一般使用 MOSFET 作为开关器件，所以也称为 MOSFET 调光器，俗称"MOS 管"。MOSFET 是全控开关，既可以控制开，也可以控制关，故不存在晶闸管调光器不能完全关断的现象。另外 MOSFET 调光电路比晶闸管更适合容性负载调光，但因为成本偏高和调光电路相对复杂、不容易做稳定等特点，使得 MOS 管调光方式没有发展起来，晶闸管调光器仍占据了绝大部分的调光系统市场。

与前沿切相调光器相比，后沿切相调光器被应用在 LED 照明设备上，由于没有最低负荷要求，可以在单个照明设备或非常小的负荷上实现更好的性能，MOS 管极少应用于调光系统，一般只做成旋钮式的单灯调光开关，这种小功率的后切相调光器不适用于工程领域。诸多照明厂家应用这种调光器对自己的调光驱动和灯具做调光测试，然后将自己的调光产品推向工程市场，导致工程中经常出现用晶闸管调光系统调制后切相调光驱动的情况。这种调光方式的不匹配导致调光闪烁，严重的会迅速损坏电源或调光器。

2. 脉冲宽度调制调光（PWM）

这种调光控制法是利用调节高频逆变器中功率开关管的脉冲占空比，从而实现灯输出功率的调节。半桥逆变器的最大占空比为 0.5，以确保半桥逆变器中的两个功率开关管之间有一个死时间，以避免两个功率开关管由于共态导通而损坏，工作频率一般在 20～150kHz。

这种调光控制法能使功率开关管导通时工作在零电压开关（ZVS）状态，关断瞬间需采用吸收电容以达到 ZCS 工作条件，这样就可以进入 ZVS 工作模式，这是它的优点。同时 EMI 和功率开关管的电应力可以明显降低，然而，如果脉冲占空比太小，会导致电感电流不连续，将失去 ZVS 工作特性，并且由于供电直流电压较高，而使功率开关管上的电应力加大，这种不连续电流导通状态将导致电子镇流器的工作可靠性降低并加大 EMI 辐射。

除了小的脉冲占空比外，当灯电路发生故障时，也会出现功率开关管的不连续电流工作状态。当灯负载出现开路故障时，电感电流将流过谐振电容，由于这个电容的容量较小，所以阻抗较大，而在这个谐振电容上产生较高的电压。除非两个功率开关管有吸收保护电路，否则这时功率开关管将承受很大的电压应力。

3. 模拟量（0V/1～10V）调光

1～10V 调光装置内有两条独立电路：一条为普通的电压电路，用于接通或关断至照明设备的电源；另一条是低压电路，它提供参考电压，告诉照明设备调光级别。0～10V 调光器之前常用在对荧光灯的调光控制上，现在因为在 LED 驱动模块上加上了恒定电源，并且有专门的控制线路，故 0～10V 调光器同样可以支持大量的 LED 照明灯。但应用缺点也非常明显，低电压的控制信号需要额外增加一组线路，这对施工的要求大大提高。

4. 数字可寻址调光

DALI（Digital Addressable Lighting Interface）可以对每个配有 DALI 驱动的灯具进行调光，DALI 总线上的不同照明单元可以灵活分组，实现不同场景控制和管理。相比较其他的调光方式，DALI 调光的优点有：数字调光，调光精确稳定平滑；可以双向通信，可以向系统反馈灯具的情况；控制更加灵活；抗干扰能力强。

5. 其他

（1）改变半桥逆变器供电电压调光法。

利用改变半桥逆变器供电电压的方法实现调光。脉冲占空比（约 0.5）固定，使半桥逆变器工作在软开关工作状态，并可在镇流电感电流连续的工作条件下实现宽调光范围的调光。

改变半桥逆变器供电电压调光法优点：开关工作频率固定，所以可以针对给定的荧光灯型号简化控制电路设计和方便地确定灯负载匹配电路中无源器件的参数；开关工作频率刚好大于谐振频率，所以可以降低无功功率和提高电路工作效率；可在较宽的灯功率范围内（5%～100%）保持 ZVS 工作条件；在很低的半桥逆变器供电电压下，电子镇流器电路将会失去开关特性，会出现镇流电感电流不连续的工作状态。然而在直流供电电压很低的情况下，这种工作状态不再是个问题，这时功率开关管的电应力和损耗都将很小，即使工作在硬开关，在低直流供电电压情况下（如 20V）也不会产生太多的 EMI 辐射；供电电压可以选得很低（如 5%～100%的调光范围对应 30～120V），这样可采用低电压电容和低耐电压值的功率 MOSFET；可采用简单的 AC/DC 控制即可实现调光。

（2）脉冲调频调光法（PFM）。

脉冲调频调光法（PFM）也是常用的调光方法。如果高频交流电子镇流器的开关工作频率增加，则镇流电感的阻抗增加，这样流过镇流电感的电流就会下降，导致流过灯负载的电流下降，从而实现调光。

为了实现在低荧光灯灯功率工作条件下实现调光，则调频范围应很宽（25～50kHz）。由于磁心的工作频率范围、驱动电路、控制电路等原因都可能限制荧光灯的调节范围，调频范围内不易实现软开关。轻载时，不能实现软开关，并使功率开关管上的电压应力加大。当灯管发生开路故障时，电子镇流器电路将出现电流不连续工作状态（DCM），特别是当开关频率很低时。

（3）脉冲调相调光法。

利用调节半桥逆变器中两个功率开关管的导通相位的方法来调节荧光灯输出功率，从而达到调光的目的。

脉冲调相调光控制法主要有以下特点：可调光至 1% 的灯亮度；可在任意调光设定值下启动电子镇流器电路；可应用于多灯应用（如灯的群控）场合；调光相位－灯功率关系线性好。

3.2.2 不同光源的调光

不同光源，性能不同，发光原理不同，需要采用不同的调光方案。

1. 高压钠灯、金卤灯的调光

调光类型常用脉宽调制、变频调节，工作频率 20～100kHz，电子镇流器与灯最大距离 15m；调光范围，高压钠灯一般为输出功率 50%～100%（光通量约 30%～100%），金属卤化物灯输出功率 60%～100%（光通量约 45%～100%）。调光 HID 灯电子镇流器，在灯启动 3～5min 内，必须满功率工作，否则会出现灯管早期发黑现象，影响灯的使用寿命。

2. 荧光灯、节能灯的调光

常用脉冲宽度调制（PWM）调光法、改变半桥逆变器供电电压调光法、脉冲调频调光法、脉冲调相调光法。

高频驱动的电子镇流荧光灯，调压、调频、调感均可实现调光运行。在中低频率的不敏感段，可采用调压调光方式；在对频率比较敏感的高频段，可采用调频调光方式，从而使整个调光范围得到扩展。荧光灯的伏安特性表现为较复杂的非线性，调光运行时基本上随着频率的增加，由负阻特性连续过渡到正阻特性。驱动电压不变情况下，频率升高，灯电流降低，光输出减弱，镇流电路的稳定裕度变小，直至熄灭。

3. 白炽灯、卤素灯（石英灯）的调光

常用晶闸管相控调光法。

4. LED 调光

（1）线性调光。因为 LED 的亮度几乎和它的驱动电流成正比关系，所以可以通过改变它的驱动电流来实现。调节 LED 的电流最简单的方法就是由芯片提供一个控制电压接口，改变输入的控制电压就可以改变其输出恒流值。

但此种方法会造成在调亮度的同时也会改变它的光谱和色温，因为目前白光 LED 都是用蓝光 LED 激发黄色荧光粉而产生，当正向电流减小时，蓝光 LED 亮度增加而黄色荧光粉的厚度并没有按比例减薄，从而使其光谱的主波长增长，改变色温；而且从 LED 的伏安特性可知，正向电流的变化会引起正向电压的相应变化，确切地说，正向电流的减小也会引起正向电压的减小。所以在把电流调低的时候，LED 的正向电压也就跟着降低。这就会改变电源电压和负载电压之间的关系，引起恒流源无法工作的严重问题。

（2）PWM 调光。LED 是一个二极管，它可以实现快速开关。它的开关速度可以高达微秒级，是任何发光器件所无法比拟的。因此，只要把电源改成脉冲恒流源，用改变脉冲宽度（PWM）的方法，就可以改变其亮度。

脉宽调制调光的优点：不会产生任何色谱偏移；可以有极高的调光精确度；可以和数字控制技术相结合来进行控制；即使在很大范围内调光，也不会发生闪烁现象。

（3）晶闸管相控调光。LED 灯要想实现晶闸管相控调光，其电源必须能够分析晶闸管控制器的可变相位角输出，以便对流向 LED 的恒流进行单向调整。在维持调光器正常工作的同时做到这一点非常困难，往往会导致其性能不佳。问题表现为启动速度慢，闪烁、光照不均匀，或在调整光亮度时出现闪烁。此外，还存在元件间不一致以及 LED 灯发出不需要的音频噪声等问题。这些负面情况通常是由误触发或过早关断晶闸管以及 LED 电流控制不当等因素共同造成的，误触发的根本原因是在晶闸管导通时出现了电流振荡。

3.2.3 调光控制信号

1. 1～10V 模拟量信号

1～10V 接口的控制信号是直流模拟量，信号极性有正负之分，按线性规则调节灯的亮度，调光时一旦当控制信号触发，镇流器启动光源，首先被激励点燃到全亮，然后再按控制量要求调节到相应亮度，按 IEC 929 标准，每个镇流器的最大工作电流为 1mA。

2. 数字信号（DSI）

DSI（Digital Signal Interface）接口镇流器的控制信号采用数字信号曼彻斯特编码，信号没有极性要求，信号在控制线上传输和同步方式比较可靠,调光按指数函数方式调光。这种镇流器被触发启动后，荧光灯亮度可以从 0 开始调整到控制信号所指定的亮度，这对剧场类荧光灯调光应用十分适合。另外，DSI 还可以通过信号命令，在电子镇流器内部对进入镇流器的 220V 主电源进行开关切换控制，当荧光灯被关闭熄灭后，镇流器可自动切断 220V 主电源以节省能源消耗。还可省掉调光器经过开关控制的主电源线连接，而直接与 220V 主电源线连接，也可节省系统成本。

3. 数字可寻址灯光（DALI）

数字式可寻址灯光接口（Digital Addressable Lighting Interface）镇流器，是当前最新型的可调光荧光灯镇流器。1999 年 Philips、ORSAM 和 Tridonic 等公司共同制定了 DALI 的工业标准，纳入 IEC 929，保证不同的制造厂生产的 DALI 设备能全部兼容。DALI 是一个数据传输的协议，通过荧光灯调光控制器（作为 Master）可对每个镇流器（作为 Slave）分别寻址，这意味调光控制器可对连在同一条控制线上的每个荧光灯的亮度分别进行调光。

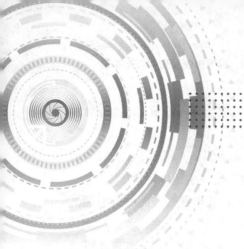

4 系统硬件

智能照明控制系统是一个总线形式或局域网形式的智能控制系统。通常由系统单元、输出控制设备和输入控制设备组成。其中系统单元包括控制管理设备、系统电源模块、网络配件和控制线；输出控制设备包括开关模块、调光模块、调光箱、场景切换控制和时钟管理模块；输入控制设备包括传感器、控制面板和移动编程器。

上述所有的单元器件均内置微处理器和存储器，并由信号传输单元连接成网络，每个网络内设备只具备唯一的单元地址。当有影响事件发生时，输入单元首先将其转变为网络信号，然后在控制传输系统上发出控制信号，所有的输出单元接收信号后进行判断，继而控制相应的输出单元做出回应。

4.1 系统单元

4.1.1 控制管理设备

控制管理设备一般设置在智能照明管理中心（物业管理室、园区中控室、消防安防控制室等），监控主机内装有智能照明控制软件，包括管理及设定功能、统计功能、控制功能、诊断及故障报警功能、图像处理功能和分级管理功能。

1. 管理及设定功能

在计算机操作平台上完成日常的运行与管理工作。根据集成管理软件中每日的预定时间表、每年的预定日程表以及假期、特定日期的安排表等进行时间程序编程，提供全年的照明计划安排表。

2. 统计功能

根据软件提供的关于照明系统的运行时间、照度值等参数的汇总报告（区别各照明场所内各照明回路）来统计照明灯具的运行时间、照度水平等。

3. 控制功能

实现对各照明分区的照明回路的照明进行自动控制，自动调节室内照度，并维持在设定值上，通过图形化界面以鼠标单击的方式可灵活地修改各照明回路的开关控制和照度的连续调节。根据统计数据，结合软件中预置的工作循环程序表，自动切换各照明回路灯具的运行，从而均衡各照明回路的灯具的运行时间，并根据汇总报告定期对灯具进行维护检修，延长灯具的使用寿命。

4. 诊断及故障报警功能

能自动检查负载状态，检查坏灯、少灯，保护装置状态，故障自动报警、自动切断电路以及 MCB 跳闸报警等。

5. 图像处理功能

可实现动静探测、图形操作等。

6. 分级管理功能

通过权限设定，将用户分为查看、维护、管理等多种系统角色，每种角色被赋于特定操作权限。

4.1.2 系统电源模块

对于比较大的系统，当负载较多时，应增加电源模块。输入、输出分别有过电压/短路保护、过载/短路保护和电子限流保护。电源模块可直接并联。

4.1.3 网络配件

网络配件主要用于智能照明网络内部传输与控制，直接决定智能照明网络系统能否快速建立，包括智能网关、服务器和交换机等。

1. 智能网关

通过智能网关可以实现系统信息的采集、输入和输出，并实现集中控制、远程控制和联动控制等功能。在使用不同的通信协议、数据格式或语言时，甚至体系结构完全不同的两种系统之间，智能网关就是一个翻译器，对收到的信息要重新打包，以适应目的系统的需求，同时起到过滤和安全的作用。

2. 服务器

服务器是计算机的一种，它比普通计算机运行更快、负载更高。它具有高速的运算能力、长时间可靠运行、强大的 I/O 外部数据吞吐能力以及更好的扩展性；具备承担相应服务请求，承担服务、保障服务的能力。一般智能照明控制系统的数据量及存储量较大，一般的上位机无法满足需求，需要配置服务器。

3. 交换机

交换机是一种用于电（光）信号转发的网络设备，它可以为接入交换机的任意两个网络节点提供独享的电信号通路。

4.1.4 配线

配线的作用是传输信号，部分控制线路除传输信号外还提供电源。它是各功能部件连接的重要通路。

4.2 输出控制设备

4.2.1 开关模块

用继电器开关输出的控制模块。这种模块主要用于实现对照明的智能化开关管理，适用于所有对照明智能化开关管理的场所。开关模块具有按序启动功能，避免灯具集中启动时的浪涌电流。一些模块自带电流检测功能，可检测照明输出回路实时电流值，并可真实地记录灯具的运行时间。

4.2.2 调光模块

用于对灯具进行调光或开关控制，能记忆多个预设置灯光场景，不因停电而被破坏。调光模块按型号的不同，分为三相和单相，输出回路电流有 2A、5A、10A、16A、20A 等，输出回路数也有 1 路、2 路、4 路、6 路、12 路等不同组合供用户选用。有些调光模块控制灯具亮度时采用了软启动方式，即渐增渐减方式，这样的调节方式能防止电压突变对灯具的冲击，同时使人的视觉十分自然地适应亮度的变化。有些调光模块输入电源采用微处理机控制的 RMS 电压调节技术，确保输出电压稳定，不会对负载回路产生过电压。由于各种光源的发光原理不同，运用的调光控制的方式也多种多样。

4.2.3 调光箱

调光箱与调光模块的功能类似，但由于调光箱为一体化的设计和生产，其功能和可调光能力更强，通常用在舞台照明灯具和大型一体式灯具的调光。

4.2.4 场景切换控制和时钟管理模块

由各照明回路不同的亮暗搭配组成的某种灯光效果，称之为场景。使用者可以通过选择面板上不同的按键来切换不同的场景。时钟管理模块用于提供一定时间内（周、月、年）各种复杂的照明控制事件和任务的动作定时，它可通过按键设置改变各种控制参数。

4.3 输入控制设备

用于将外部控制信号变换成网络上传输的信号，包括传感器、多功能控制面板、移动编程器以及输入开关盒红外线接收开关、遥控器等。

4.3.1 传感器

1. 传感器定义

能感受规定的被测量件并按照一定的规律（数学函数法则）转换成可用信号的器件或装置，通常由敏感元件和转换元件组成。

2. 常见智能传感器分类

其传感原理是利用红外线、超声波、光敏元件、声音等或上述物理量的组合，用于识别是否有人进入房间、照度动态检测、遥控接收等。

3. 红外传感器

（1）原理。

人体都有恒定的体温，一般在 36.5℃ 左右，会发出特定波长 10μm 左右的红外线，红外探测器就是靠探测人体发射的 10μm 左右的红外线而进行工作的。人体发射的 10μm 左右的红外线通过菲涅尔滤光片增强后传到红外感应源上，红外感应源通常采用热释电元件，这种元件在接收到人体红外辐射温度发生变化时就会失去电荷平衡，向外释放电荷，后续电路经检测处理后就能产生报警信号。

（2）构成及分类。

红外传感器一般由光学系统、探测器、信号调理电路及显示单元等组成。红外探测器利用红外辐射与物质相互作用所呈现的物理效应来探测红外辐射。红外探测器的种类很多，按照探测机理的不同，可分为热探测器和光子探测器两大类。

1）热探测器（基于热效应）。

① 工作机理：利用红外辐射的热效应，探测器的敏感元件吸收辐射能后引起温度升高，进而使某些有关物理参数发生相应变化，通过测量物理参数的变化来确定探测器所吸收的红外辐射。

② 特点：响应波段宽，响应范围可扩展到整个红外区域，可在常温下工作，应用比较广泛。但与光子探测器相比，热探测器的探测率比光子探测器的峰值探测率低，响应时间长。

③ 分类：主要分为热释电型、热敏电阻型、热电偶型和气体型四大类。其中，热释电型探测器在热探测器中探测率最高，频率响应最宽，所以发展很快。

2）光子探测器（基于光电效应）。

① 工作机理：利用入射光辐射的光子流与探测器材料中的电子互相作用，从而改变电子的能量状态，引起光子效应。

② 特点：灵敏度高，响应速度快，具有较高的响应频率，但探测波段较窄，一般在低温下工作。

③ 分类：主要分为光敏电阻、光电管、光敏晶体管、光电伏特元件和光电池等几类。

3）特性及要求。红外探测器是以探测人体辐射为目标的，所以热释电元件对波长为 10μm 左右的红外辐射必须非常敏感。

为了仅对人体的红外辐射敏感，在它的辐射照面通常覆盖了特殊的菲涅尔滤光片，使环境的干扰受到明显的控制作用。

一旦人进入探测区域内，人体的红外辐射通过部分镜面聚焦，并被热释电元件接收，经信号处理后即可被探测。

红外探测器的感应作用与温度和气流的变化有密切的关系，不宜正对冷热通风口、冷热源或易摆动的大型物体，以免引起红外探测器误报。

红外探测器对于径向移动反应不敏感，而对于切向（即与半径垂直的方向）移动则较为敏感。

红外探测器具有多种型号，从室内到室外，从有线到无线，从单红外到三红外，从壁挂式到吸顶式，因此需要根据实际情况调试探测器。红外探测器的调试一般是步测，即调试人员在警戒区内走 S 型的线路来感知警戒范围的长度、宽度等来测试整个报警系统是否达到要求。可以适当调节探测器的灵敏度，以达到较好的探测效果。

4. 超声波传感器

（1）原理。

人们能听到声音是由于物体振动产生的，它的频率在 20Hz～20kHz 范围内，超过 20kHz 称为超声波，低于 20Hz 的称为次声波。常用的超声波频率为几十千赫至几十兆赫。

超声波传感器是利用超声波的特性研制而成的传感器，由发送传感器（或称波发送器）、接收传感器（或称波接收器）、控制部分与电源部分组成。发送传感器将物体振动能量转换成超能量并向空中辐射，而接收传感器接收波产生机械振动，将其变换成电能量，作为传感器接收器的输出，从而对发送的超声波进行检测。

（2）构成。

超声传感器由发送传感器（或称波发送器）、接收传感器（或称波接收器）、控制部分与电源部分组成。发送传感器由发送器和直径为 15mm 左右的陶瓷振子换能器组成，换能器将陶瓷振子的电振动能量转换成超能量向空中辐射；接收传感器由陶瓷振子换能器与放大电路组成，换能器接收波产生的机械振动，将其变换成电能量作为传感器接收器的输出。

（3）分类。

超声波传感器有很多种类，不同的分类的方法有：

根据使用方法可分为收发一体型和收发分体型（收发各一只）。

根据结构来分可分为开放型、防水型和高频型等。

根据使用环境可分为空气和水声换能器。

根据应用范围可分透射型（用于遥控器，防盗报警器、自动门、接近开关等）、反射型（用于材料探伤、测厚等）、分离式反射型（用于测距、液位或料位）。

（4）特性及要求。

超声波是一种振动频率高于声波的机械波，由换能晶片在电压的激励下发生振动产生的，它具有频率高、波长短、绕射现象小，特别是方向性好，能够成为射线而定向传播等特点。

超声波对液体、固体的穿透能力强，尤其是在阳光不透明的固体中，它可穿透几十米的深度。超声波碰到杂质或分界面会产生显著反射形成反射回波，碰到活动物体能产生多普勒效应。

为确保超声波传感器的可靠性及长使用寿命，请勿在户外或高于额定温度的地方使用传感器。

由于超声波传感器以空气作为传输介质，因此局部温度不同时，分界处的反射和折射可能会导致误动作，风吹时检出距离也会发生变化，影响探测精度。

请勿在有蒸汽的区域使用超声波传感器。此区域的大气不均匀，将会产生温度梯度，从而导致测量错误。

5. 光敏传感器

（1）原理。

光敏传感器是利用光敏元件将光信号转换为电信号的传感器，它的敏感波长在可见光波长附近，包括红外线波长和紫外线波长。光敏传感器不只局限于对光的探测，它还可以探测其他传感器的元件。对于许多非电量的检测，只要将这些非电量转换为光信号的变化即可。

（2）构成。

光敏传感器大都采用半导体材料，通常有光敏电阻、光敏二极管、光敏三极管和光伏电池等。

（3）分类。

1）光敏电阻型：代表器件有 LXD5506 型硫化镉光敏电阻。

2）光敏二极管型（包括光敏三极管）：品种多，应用广泛，例如，硅光敏二极管2CU2B。

3）光伏电池型：代表器件有 2DU3。

4）热效应红外光型：光敏传感器是目前产量最多、应用最广的传感器之一，它在自动控制和非电量电测技术中占有非常重要的地位。

（4）特性及要求。

光敏传感器的基本特性包括伏安特性、光电效应和光照特性等。

1）需采用防静电袋封装。

2）为避免其表面的损伤和污染程度，以防影响光电流，使探测结果发生偏差，应避免在潮湿的环境中使用。

3）暗电流小，低照度响应，灵敏度高，电流随照度的增强呈线性变化。

4）内置双敏感元，光谱响应接近人眼函数曲线；内置微信号 CMOS 放大器、高精度电压源和修正电路，输出电流大，工作电压范围宽，温度稳定性好；内置可见光通过和近红外线截止光学级滤光片一体化封装，增强了光学滤波效果（按客户要求提供）符合欧盟 RoHS 指令，无铅、无镉。

6. 声音传感器

（1）原理。

传感器内置一个对声音敏感的电容式驻极体话筒。声波使话筒内的驻极体薄膜振动，导致电容的变化，而产生与之对应变化的微小电压。这一电压随后被转化成 0～5V 的电压，经过 A/D 转换被数据采集器接收，并传送给计算机。

声音传感器的作用相当于一个话筒（麦克风）。它用来接收声波，显示声音的振动图像，但不能对噪声的强度进行测量。因此常作为一种在人员活动较少区域使用的开关控制元件。

（2）构成及分类。

声音传感器按其变换原理，可分为压电陶瓷式、电容式、动圈式、驻极体式，其中压电陶瓷式和驻极体式应用最为广泛。

（3）特性及要求。

1）该传感器无需再次进行校准，软件自动调零。

2）采样频率要取 10 000 次/s 或更大些，否则不能真实、准确地反映声振动的图像。

3）接入控制系统的可以采用 4～20mA 的输出型传感器。

7. 微波感应传感器

（1）原理。

由发射天线发出的微波，遇到被测物体时将被吸收或反射，使功率发生变化。若利用接收天线接收通过被测物体或由被测物体反射回来的微波，并将它转换成电信号，再由测量电路处理，就实现了微波检测。

微波感应控制器使用直径 9cm 的微型环形天线做微波探测，其天线在轴线方向产生一个椭圆形半径为 0～5m（可调）空间微波戒备区，当人体活动时，其反射的回波和微波感应控制器发出的原微波场（或频率）相干涉而发生变化，这一变化量经处理器检测、放大、整形、多重比较以及延时处理后，由导线输出电压控制信号。

微波感应控制器内部由环形天线和微波三极管组成一个工作频率为 2.4GHz 的微波振荡器，环形天线既可作为发射天线，也可接收人体移动而反射的回波。内部微波三极管的半导体 PN 结混频后差拍检出微弱的频移信号（即检测到人体的移动信号），微波专用处理器首先去除幅度较小的干扰信号，只将具有一定强度的探测频移信号转化成宽度不同的等幅脉冲，电路只识别脉冲足够宽的单体信号，如人体其鉴别电路才被触发；或者 2～3 个窄脉冲，如防范边沿区人走动 2～3 步，鉴宽电路也被触发，启动延时控制电路工作。如果是较弱的干扰信号，例如，小动物、远距离的窗帘晃动、高频通信信号、远距的闪电和家用电器开关时产生的干扰等，可以予以排除。最后输出控制器鉴别出真正大物体移动信号时，控制电路被触发，输出 2s 左右的高电平，并 LED 同步显示。输出方式为电压方式，有输出时为高电平（4V 以上），没有输出是为低电平。

（2）构成及分类。

微波感应传感器按特性分为反射式传感器和遮断式传感器。

（3）特性及要求。

安装时必须使其天线面向被检测的区域，用户可以改变其方向，以达到最佳的覆盖面积。

8. 多功能传感器

包含两种及以上功能的单只传感器即为多功能传感器。例如，将移动探测、红外遥控接收（IR）及环境照明等级探测（PE）结合在一台传感设备中，可以实现单一功能探测器无法比拟的功能。在建筑应用中，利用多功能传感器进行移动探测并打开照明，该装置还在（PIR）移动传感器元件周围安装一个分段式遮板，可将一部分感应区遮挡住，以防止来自邻近门道或走廊的探测；提供红外遥控接收，实现对灯光、视听设备及百叶窗的遥控信息；在需要为单独工作区保持精确照明控制的情况下，可协助灯光补偿，节约能源。

4.3.2　多功能控制面板

提供 LCD 页面显示和控制方式，并以图形、文字、图片来做软按键，可进行多点控制、时序控制，存储多种亮度模式。这种面板既可用于就地控制，也可用作多个控制区域的监控。

4.3.3　移动编程器

管理人员只要将移动编程器插头插入编程插口即能与智能照明网络相连接，便可对楼宇的任何一个楼层、任何一个调光区域的灯光场景进行预设置，修改或读取并显示各调光回路现行预置值。

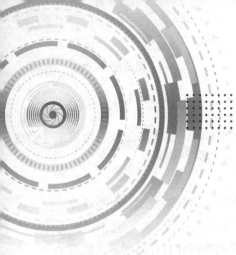

5 智能照明控制系统链路

5.1 链路概述

从智能照明控制系统主机到智能照明控制模块乃至末端灯具之间的线缆总和称之为智能照明控制系统链路（简称系统链路）。系统链路按照功能分为配电链路和控制链路。它由线缆、链接器件等部分组成。整个链路选用的各装置的性能和类别必须全部满足该链路等级传输性能的要求。系统控制链路框架示意图如图5-1所示。

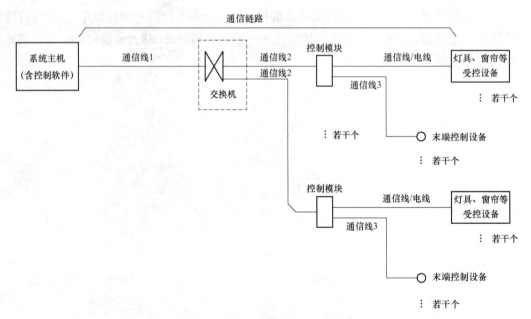

图5-1 系统控制链路框架示意图

5.2 线缆

5.2.1 配电线缆

电力线缆主要为智能照明控制系统中的智能照明控制模块以及照明灯具提供工作电源,一般工作电源线缆和通信控制线缆分别采用不同的线缆,且分别敷设。但个别控制系统,例如,电力载波系统采用低压载波方式作为通信总线,主从网络结构两线制,供电和信号共用线缆。

常用的电力线缆有 WDZ-BYJF-/WDZ-BYJ 等,这些电力线缆均为电气设计及施工中常用的线缆。电力线缆在智能照明控制系统与普通照明系统中的应用要求基本一致,线缆的选择和设计施工方式也一致。

(1)室内照明每一单相分支回路的电流不宜超过 16A,所接光源数不宜超过 25 个;当连接大型建筑装饰性组合灯具时,回路电流不宜超过 25A,光源数不宜超过 60 个(LED灯除外);室外照明每一单相分支回路的电流不宜超过 32A,光源数不宜超过 1000 个(LED灯除外)。

(2)三相配电干线的各相负荷宜平衡分配,最大相负荷不宜大于三相负荷平均值的115%,最小相负荷不宜小于三相负荷平均值的 85%。

(3)室内照明分支线路应采用铜芯绝缘电线,分支线截面不应小于 1.5mm²;室外照明分支线路宜采用双重绝缘铜芯电线,分支线截面不应小于 2.5mm²。

(4)单相配电供电半径约 30m,三相配电箱供电半径 60~80m。

5.2.2 控制线缆

控制线缆作为智能照明控制系统的通信介质具有重要作用,智能照明控制线缆具有通信、地址、控制等功能,部分控制线缆因其系统架构的原因可能只具有其中的一种或几种功能。因为通信是其最基本的功能,所以也称控制线缆为通信线缆。

智能照明控制系统中常用到的以下几类控制线缆:

1. RVV 电缆

RVV 电缆全称铜芯聚氯乙烯绝缘聚氯乙烯护套软电缆,又称轻型聚氯乙烯绝缘,俗称软护套线,是护套线的一种。字母 R 代表软线,字母 V 代表绝缘体聚氯乙烯(PVC)。

RVV 电缆是弱电系统最常用的线缆,其芯线可根据需求确定,额定电压 300V/500V,芯数从 2 芯到 24 芯之间,两芯以上绞合成缆。线缆外面有 PVC 护套,芯线之间的排列没有特别要求。护套可以保护电缆内护层不受机械损伤和化学腐蚀并能增强线缆机械强度。

RVV 电缆主要应用于控制线及信号传输线,可用于智能照明控制系统、防盗报警系统和楼宇对讲系统等。

2. 双绞线

双绞线是一种综合布线工程中最常用的传输介质,是由两根具有绝缘保护层的铜导线组成的。把两根绝缘的铜导线按一定密度互相绞在一起,每一根导线在传输中辐射出来的电波会被另一根导线上发出的电波所抵消,有效降低了信号干扰。双绞线一般由两根22～26号绝缘铜导线相互缠绕而成,"双绞线"的名字也是由此而来。实际使用时,双绞线是由多对双绞线一起包在一个绝缘电缆套管里的。如果把一对或多对双绞线放在一个绝缘套管中便成了双绞线电缆,通常把"双绞线电缆"简称为"双绞线"。双绞线与其他传输介质相比,在传输距离、信道宽度和数据传输速度等方面均受到一定限制,但价格较为低廉。

根据有无屏蔽层,双绞线分为屏蔽双绞线(Shielded Twisted Pair,STP)和非屏蔽双绞线(Unshielded Twisted Pair,UTP)两种。

屏蔽双绞线在双绞线与外层绝缘封套之间有一个金属屏蔽层。屏蔽双绞线又分为STP和FTP(Foil Twisted-Pair),STP指每条线都有各自的屏蔽层,而FTP只在整个电缆有屏蔽装置,并且两端都正确接地时才起作用。所以要求整个系统是屏蔽器件,包括电缆、信息点、水晶头和配线架等,同时建筑物需要有良好的接地系统。屏蔽层可以减少辐射,防止信息被窃听,也可以阻止外部电磁干扰,因此,屏蔽双绞线比同类的非屏蔽双绞线具有更高的传输速率。

非屏蔽双绞线是一种数据传输线,由四对不同颜色的传输线所组成,广泛用于以太网路和电话线中。非屏蔽双绞线电缆具有以下优点:① 无屏蔽外套,直径小,节省所占用的空间,成本低;② 重量轻,易弯曲,易安装;③ 将串扰减至最小或加以消除;④ 具有阻燃性;⑤ 具有独立性和灵活性,适用于结构化综合布线。因此,在TCP/IP系统中,非屏蔽双绞线得到广泛应用。

3. 光纤

光纤是光导纤维的简写,是一种由玻璃或塑料制成的纤维,可作为光传导工具。传输原理是"光的全反射"。光导纤维是由两层折射率不同的玻璃组成的。内层为光内芯,直径在几微米至几十微米,外层的直径为0.1～0.2mm。一般内芯玻璃的折射率比外层玻璃的大1%。根据光的折射和全反射原理,当光线射到内芯和外层界面的角度大于产生全反射的临界角时,光线透不过界面,全部反射。常用的光纤为单模光纤和多模光纤两种。

单模光纤是指工作波长中,只能传输一个传播模式的光纤,通常简称为单模光纤(Single Mode Fiber,SMF)。目前,在有线电视和光通信中,光纤是应用最广泛的传输媒介。光纤传输具有以下优点:

(1)频带宽。

频带的宽窄代表传输容量的大小。载波的频率越高,可以传输信号的频带宽度就越大。在VHF频段,载波频率为48.5～300MHz。带宽约250MHz,只能传输27套电视和几十套调频广播。可见光的频率达100 000GHz,比VHF频段高出100多万倍。尽管由于光纤对不同频率的光有不同的损耗,使频带宽度受到影响,但在最低损耗区的频带宽度也可达30 000GHz。目前单个光源的带宽只占了其中很小的一部分(多模光纤的频带约几百兆赫,质量好的单模光纤可达 10GHz 以上），采用先进的相干光通信可以在 30 000GHz 范围内安排 2000 个光载波，进行波分复用，可以容纳上百万个频道。

（2）损耗低。

在同轴电缆组成的系统中，最好的电缆在传输 800MHz 信号时，每千米的损耗都在 40dB 以上。相比之下，光导纤维的损耗则要小得多，传输 1.31μm 的光，每千米损耗在 0.35dB 以下；若传输 1.55μm 的光，每千米损耗更小，可达 0.2dB 以下。这就比同轴电缆的功率损耗要小 1 亿倍，使其能传输的距离要远得多。此外，光纤传输损耗还有两个特点：一是在全部有线电视频道内具有相同的损耗，不需要像电缆干线那样必须引入均衡器进行均衡；二是其损耗几乎不随温度变化，不用担心因环境温度变化而造成干线电平的波动。

（3）重量轻。

因为光纤非常细，单模光纤芯线直径一般为 4～10μm，外径也只有 125μm，加上防水层、加强筋、护套等，用 4～48 根光纤组成的光缆直径还不到 13mm，比标准同轴电缆的直径 47mm 要小得多，加上光纤是玻璃纤维，其密度小，具有直径小、重量轻的特点，安装也十分方便。

（4）抗干扰能力强。

因为光纤的基本成分是石英，只传光而不导电，传输的光信号不受电磁场的影响，故光纤传输对电磁干扰、工业干扰有很强的抵御能力。也正因为如此，在光纤中传输的信号不易被窃听，因而利于保密。

（5）保真度高。

因为光纤传输一般不需要中继放大，不会因为放大引入新的非线性失真。只要激光器的线性好，就可高保真地传输电视信号。实际测试表明，好的调幅光纤系统的载波组合三次差拍比 C/CTB 在 70dB 以上，交调指标也在 60dB 以上，远高于一般电缆干线系统的非线性失真指标。

（6）工作性能可靠。

一个系统的可靠性与组成该系统的设备数量有关。设备越多，发生故障的概率越大。因为光纤系统包含的设备数量少（不像电缆系统那样需要几十个放大器），可靠性自然也高，加上光纤设备的寿命都很长，无故障工作时间达 50 万～75 万 h。其中寿命最短的是光发射机中的激光器，最低寿命不低于 10 万小时。所以一个设计良好、安装调试正确的光纤系统的工作性能是非常可靠的。

（7）成本不断下降。

目前，有人提出了新摩尔定律，也叫作光学定律（Optical Law）。该定律指出，光纤传输信息的带宽，每 6 个月增加 1 倍，而价格降低 1 倍。光通信技术的发展，为 Internet 宽带技术的发展奠定了良好的基础，也为大型系统采用光纤传输创造了条件。由于制作光纤的材料来源十分丰富，随着技术水平的进步，成本还会进一步降低；而常规电缆所需的铜原料来源有限，价格会越来越高。因此，未来光纤传输将占绝对优势。

5.3 连接器件

在实际设计及工程应用中，智能照明控制系统控制的设备量较大，为了便于管理及扩展，除了线缆外还涉及不同线缆之间、不同协议之间的连接及转换装置，这些装置称为连接器件。连接器件既可以按照原有协议进行点位扩展，也可以通过转换将不同协议的系统进行统一兼容，有效地提高了智能照明控制系统的应用范围，是智能照明控制系统链路中不可缺少的一环。

5.3.1 交换机

交换机（Switch）是一种在通信系统中完成信息交换功能的设备。交换机的主要功能包括物理编址、网络拓扑结构、错误校验、帧序列以及流控。目前交换机还具备了一些新的功能，例如对虚拟局域网的支持、对链路汇聚的支持，甚至有的还具有防火墙的功能。

交换机除了能够连接同种类型的网络之外，还可以在不同类型的网络（如以太网和快速以太网）之间起到互连作用。如今许多交换机都能够提供支持快速以太网或 FDDI 等的高速连接端口，用于连接网络中的其他交换机或者为带宽占用量大的关键服务器提供附加带宽。

交换机的每个端口都用来连接一个独立的网段，但是有时为了提供更快的接入速度，可以把一些重要的网络计算机直接连接到交换机的端口上。这样，网络的关键服务器和重要用户就拥有更快的接入速度，支持更大的信息流量。

交换机具有如下的基本功能：

（1）像集线器一样，交换机提供了大量可供线缆连接的端口，这样可以采用星型拓扑布线。

（2）像中继器、集线器和网桥那样，当它转发帧时，交换机会重新产生一个不失真的方形电信号。

（3）像网桥那样，交换机在每个端口上都使用相同的转发或过滤逻辑。

（4）像网桥那样，交换机将局域网分为多个冲突域，每个冲突域都是有独立的宽带，因此大大提高了局域网的带宽。

（5）除了具有网桥、集线器和中继器的功能以外，交换机还提供了更先进的功能，如虚拟局域网（VLAN）以及更高的性能。

5.3.2 网关

网关（Gateway）又称网间连接器、协议转换器。网关在网络层以上实现网络互连，是最复杂的网络互连设备，仅用于两个高层协议不同的网络互连。网关既可以用于广域网互连，也可以用于局域网互连。网关是一种充当转换重任的计算机系统或设备。使用在不同的通信协议、数据格式或语言，甚至体系结构完全不同的两种系统之间，网关是一个翻译器。网关对收到的信息要重新打包，以适应目的系统的需求。同时，网关也可以提供过滤和安全功能。

网关产品分类越来越细，可以分为协议网关、应用网关和安全网关。

1. 协议网关

协议网关通常在使用不同协议的网络区域间做协议转换。这一转换过程可以发生在OSI 参考模型的第 2 层、第 3 层或 2、3 层之间。但是有两种协议网关不提供转换的功能，即安全网关和管道。由于两个互连的网络区域的逻辑差异，安全网关是两个技术上相似的网络区域间的必要中介，如私有的广域网和公有的因特网。

2. 应用网关

应用网关是在使用不同数据格式间翻译数据的系统。典型的应用网关接收一种格式的输入，将之翻译，然后以新的格式发送。输入和输出接口可以是分立的也可以使用同一网络连接。

应用网关也可以用于将局域网客户机与外部数据源相连接，这种网关为本地主机提供了与远程交互式应用的连接。将应用的逻辑和执行代码置于局域网中客户端避免了低带宽、高延迟的广域网的缺点，这就使得客户端的响应时间更短。应用网关将请求发送给相应的计算机，获取数据，如果需要就把数据格式转换成客户机所要求的格式。

3. 安全网关

安全网关是各种技术有趣的融合，具有重要且独特的保护作用，其范围从协议级过滤到十分复杂的应用级过滤。

5.3.3 集线器

集线器的英文为"Hub"。"Hub"是"中心"的意思，集线器的主要功能是对接收到的信号进行再生整形放大，以扩大网络的传输距离，同时把所有节点集中在以它为中心的节点上。

集线器是局域网中使用的连接设备，它具有多个端口，可连接多台计算机。在局域网中常以集线器为中心，将所有分散的工作站与服务器连接在一起，形成星型结构的局域网系统。集线器的优点除了能够互连多个终端以外，其优点是当其中一个节点的线路发生故障时不会影响到其他节点。集线器属于数据通信系统中的基础设备，它和双绞线等传输介质一样，是一种不需任何软件支持或只需很少管理软件管理的硬件设备。它被广泛应用到各种场合。集线器工作在局域网（LAN）环境，像网卡一样，应用于 OSI 参考模型第一层，因此又被称为物理层设备。集线器内部采用了电器互连，当维护 LAN 的环境是逻辑总线或环型结构时，可以用集线器建立一个物理上的星型或树型网络结构。这时集线器所起的作用相当于多端口的中继器，集线器实际上就是中继器的一种，其区别仅在于集线器能够提供更多的端口服务，因此集线器又叫作多口中继器。

5.3.4　中继器

中继器是网络物理层的一种介质连接设备，即中继器工作在 OSI 的物理层。中继器具有放大信号的作用，它实际上是一种信号再生放大器。因而中继器用来扩展局域网段的长度，驱动长距离通信。电磁信号在网络传输介质上传递时，由于衰减和噪声使有效数据信号变得越来越弱，为保证数据的完整性，它只能在一定的有限距离内传递。

5.4　其他辅助设备

5.4.1　信号放大器

信号放大器（Signal Amplifier）是微型直放站，是用来放大信号的一种科技产品。信号放大器的种类很多，比如电视信号放大器、收音机放大器等，所有的接收机里面都有信号放大器。信号放大器具有放大及滤波、零电平自校准、信号传输的功能。

1. 放大及滤波

前级仪表放大器的输出经缓冲进入次级放大器，该级为可编程增益放大器 PGA，放大后的信号经滤波处理具有最平坦的频响特性，滤波器为 8 阶低通滤波器，其可程控设置截止频率从 10Hz 到 100kHz，次级滤波为二阶有源低通滤波，用于消除数字干扰，低通滤波的次级可选择加带通滤波器，其下限截止频率采用拨动开关设定，低通和带通滤波器可通过程控接入或跳过。

2. 零电平自校准

自校准解决方案实现模拟通道的零电平自校准，消除不同增益和滤波状态下的零点误差，这种校准由硬件自动完成，有关校准参数已在出厂前标定，并存入模块上的 EEPROM 中，用户在正常使用时不需要专门操作该功能。如果需要修改 EEPROM 中存放的校准参数，则需随产品提供的校准软件，完成校准参数的重设。

3. 信号传输

直放站在下行链路中，由施主天线在基站现有的覆盖区域中拾取信号，通过带通滤波器对带通外的信号进行极好的隔离，将滤波的信号经功放放大后再次发射到待覆盖区域。在上行链接路径中，覆盖区域内的移动台手机的信号以同样的工作方式由上行放大链路处理后发射到相应基站，从而达到基站与手机的信号传递。直放站的种类根据实际的应用情况，常分为宽带直放站、选频直放站、光纤直放站、移频直放站和干线放大器。对于其他一些特殊应用场合，也有一些其他种类的直放站。直放站设备作为电子设备，在运行过程中，除了人为因素发生一些偶然故障，还经常因环境的影响、运行条件的突变以及元器件性能的老化等原因产生各种故障。

5.4.2　终端电阻

终端电阻是一种电子信息在传输过程中遇到的阻碍。

高频信号传输时，信号波长相对传输线较短，信号在传输线终端会形成反射波，干扰原信号，所以需要在传输线末端加终端电阻，使信号到达传输线末端后不反射。对于低频信号则不用。在长输线信号传输时，一般为了避免信号的反射和回波，也需要在接收端接入终端匹配电阻。

终端匹配电阻值取决于电缆的阻抗特性，与电缆的长度无关。RS-485/RS-422 一般采用双绞线（屏蔽或非屏蔽）连接，终端电阻一般为 $100\sim140\Omega$，典型值为 120Ω。在实际配置时，在电缆的两个终端节点上，即最近端和最远端，各接入一个终端电阻，而处于中间部分的节点则不能接入终端电阻，否则将导致通信出错。

终端电阻的作用：

（1）终端电阻是为了减弱在通信电缆中的信号反射。在通信过程中，有两种原因导致信号反射：阻抗不连续和阻抗不匹配。阻抗不连续时，信号在传输线末端突然遇到电缆阻抗很小甚至没有，信号在这个地方就会引起反射。这种信号反射的原理，与光从一种媒质进入另一种媒质引起的反射是相似的。消除这种反射的方法，是在电缆的末端跨接一个与电缆的特性阻抗同样大小的终端电阻，使电缆的阻抗连续。由于信号在电缆上的传输是双向的，因此，在通信电缆的另一端可跨接一个同样大小的终端电阻。数据收发器与传输电缆之间的阻抗不匹配，这种原因引起的反射，主要表现在通信线路处在空闲方式时，整个网络数据混乱。要减弱反射信号对通信线路的影响，通常采用噪声抑制和加偏置电阻的方法。在实际应用中，对于比较小的反射信号，为简单方便，经常采用加偏置电阻的方法。

（2）信号传输电路中各种传输线都有其特性阻抗。当信号在传输线中传输至终端时，如果它的终端阻抗和特性阻抗不同，将会造成反射，而使信号波形失真。该失真的现象在传输线较短时并不明显，但随着传输线的加长会更加严重，致使无法正确地传输，这时就必须加装终端电阻。

5.4.3　接口转换器

工业通信需要多个设备之间的信息共享和数据交换，而常用的工控设备通信口有 RS-232、RS-485、CAN 和网络，由于各接口协议不同，使得不同网络之间的操作和信息交换难以进行，通过多协议转换器可以将不同接口设备组网，实现设备间的互操作。基于多种通信接口和各种协议，形成种类繁多的协议转换器。主要类别有 E1/以太网协议转换器、RS-232/485/422/CAN 转换器。

1. E1/以太网协议转换器

现有的基于 E1/以太网的协议转换器主要分为 E1/以太网系列和 E1/V.35 系列。利用 E1 链路来传输以太网数据在现实中有着广泛的应用，由于 E1 与以太网的数据传输协议标准不一样，它们之间需要使用协议转换器来完成数据的转换。已经存在的 E1/以太网协议转换器在转换数据时都是以整条 E1 的传输能力为基础。它将以太网信号或 V.35 信号转换为 E1 信号，以 E1 信号形式在同步/准同步数字网上进行长距离传输。主要目的是为了延长以太网信号和 V.35 信号的传输距离，是一种网络接入设备。

2. RS-232/485/422/CAN 转换器

基于集中串口和不同协议的联合，主要有 RS-232 串口到 2M 转换器、RS-485/422 串口到 2MG.703 转换器、RS-232 到 2ME1 的转换器、CAN 转 RS-232 和 RS-485 转换器、USB 转 RS-232/485/422 转换器等。具有串行通信能力的设备仍然在控制领域、通信领域大面积使用，随着接入设备的增多，应用功能复杂程度的提高，传统的串行通信网络的缺点也越来越明显，而采用 RS-232/CAN 智能转换器，升级、改造或重新构建既有的通信或控制网络，能够很方便地实现 RS-232 设备多点组网、远程通信，特别是在不需要更改原有 RS-232 通信软件的情况下，用户可直接嵌入原有的应用领域，使系统设计达到更先进的水平，在系统功能和性能大幅度提高的情况下，减少了重复投资和系统更新换代造成的浪费。USB-RS-232 接口转换器首要的功能是实现两种总线的协议转换。主机端可以使用新的 USB 总线协议，向外发送数据，转换器内部将数据格式转变为 RS-232 串行信号，再发送到设备。设备回送主机的数据，则经转换器转变为 USB 协议数据。

5.5 典型智能照明控制系统链路架构图

针对智能照明控制系统所应用的通信协议的不同，目前市场上常见的智能照明控制系统形式主要有基于 TCP/IP 的控制系统（C-Bus 协议等）、基于基础总线的控制系统（KNX/EIB 协议、RS-485 总线及其通信协议、DALI 协议、Dynet 协议等）、基于电力载波的控制网络和基于无线协议的控制系统（ZPLC 技术、蓝牙技术、无线 WiFi 等）四种。

智能照明控制系统控制链路主要是基于通信技术的发展而发展的，随着 TCP/IP 网络、无线网络、蓝牙技术的普及，可作为智能照明控制系统传输媒介的产品和技术越来越多，而且趋向于各类方式混合应用的趋势，充分发挥各类通信协议的优点克服彼此的缺点，以达到产品性能最优的目的。

按照基于 TCP/IP 的控制系统、基于基础总线的控制系统、基于电力载波的控制系统和基于无线协议的控制系统这四类系统形式，按照各自应用通信协议的技术特点，绘制智能照明控制系统链路架构图，如图 5-2～图 5-5 所示。

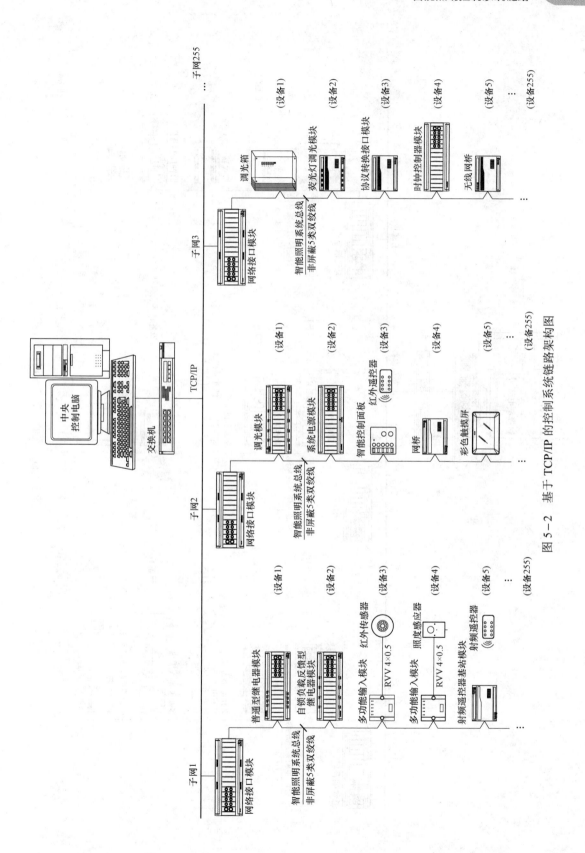

图 5-2 基于 TCP/IP 的控制系统链路架构图

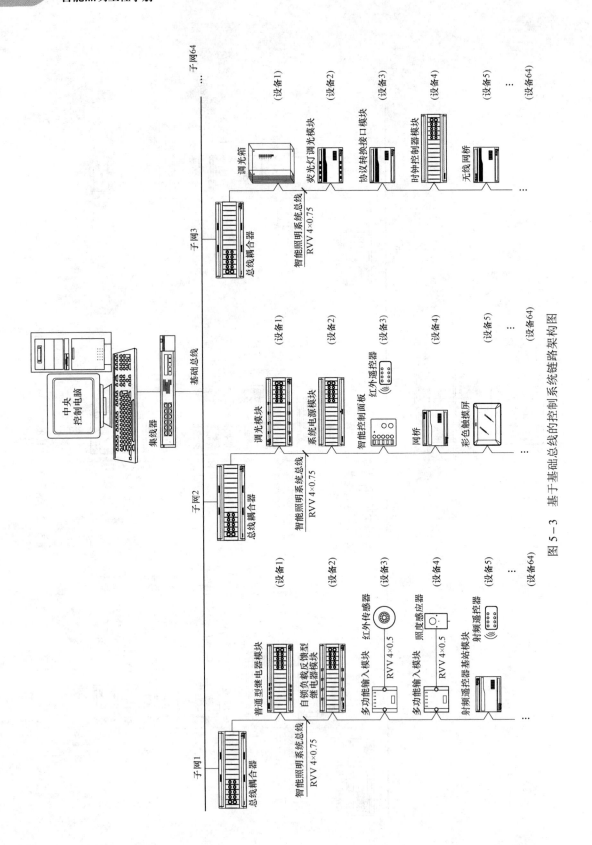

图 5-3 基于基础总线的控制系统链路架构图

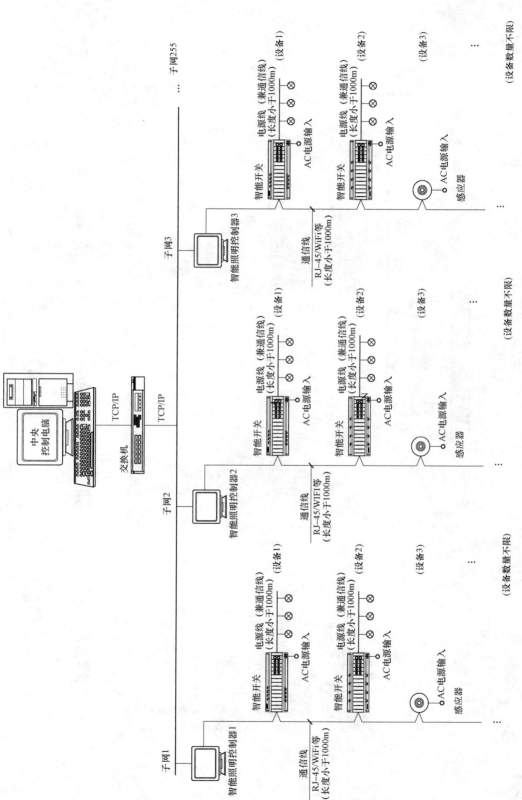

图 5－4 基于电力载波的控制系统链路架构图

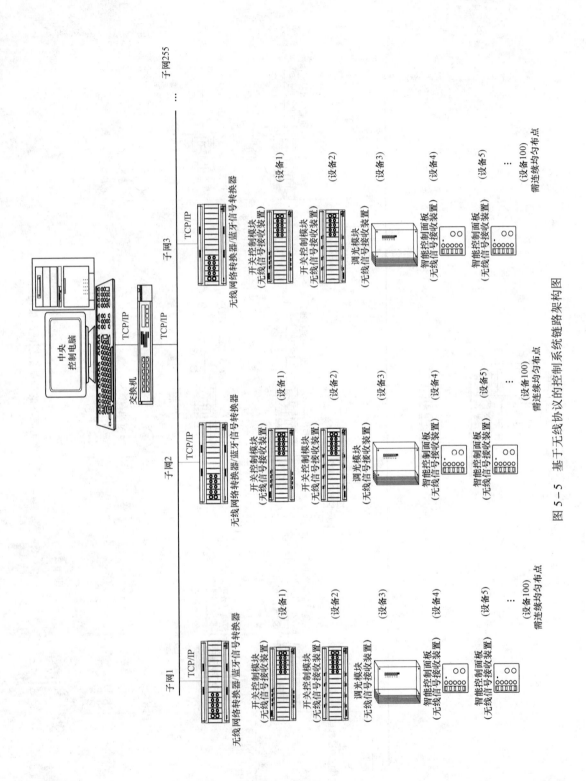

图 5-5 基于无线协议的控制系统链路架构图

6 典型空间照明控制设计方案及其详图

6.1 通用场所

6.1.1 走廊

根据《建筑照明设计标准》（GB 50034—2013）中公共建筑通用房间中普通走廊的照度要求不小于 75lx，高档走廊照度不小于 150lx。

1. 集中控制/开关面板控制

通过总线传输到中控室，在中控室集中控制公共区走廊灯具；在走廊内设置智能控制面板可分别控制各灯具。

（1）RS-485 总线及其通信协议、KNX/EIB 协议、C-Bus 协议等智能照明控制系统平面图如图 6-1 所示，系统图如图 6-2 所示。

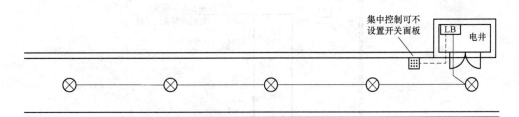

图 6-1 走廊 RS-485 总线及其通信协议、KNX/EIB 协议、
C-Bus 协议等智能照明控制系统平面图

这类协议的平面及系统绘制方式大致相同，分回路控制方式的特点是每个强电回路是一个控制回路，通过智能照明控制模块对这些回路进行控制。这就需要在配电箱出线处设置多个强电出线回路以满足控制要求，并且无法更改各个灯具的组合控制方式。

（2）DALI 协议平面图及系统图的画法。图 6-3 和图 6-4 分别为走廊 DALI 协议平面和系统图。

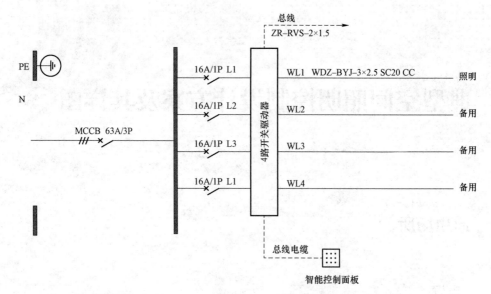

图 6−2　走廊 RS−485 总线及其通信协议、KNX/EIB 协议、
C−Bus 协议等智能照明控制系统的系统图

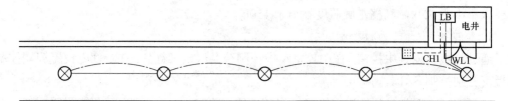

图 6−3　走廊 DALI 协议平面图

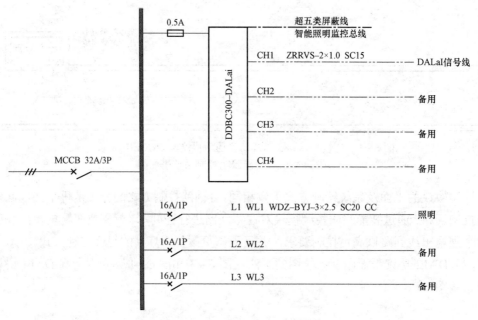

图 6−4　走廊 DALI 协议系统图

此协议强电回路依据规范每 25 个灯具一个回路，除强电回路外，需接入 DALI 控制线，每根控制线可控制 64 个整流器。通过软件编程可实现对单个或多个灯具组的开关控制及调光并录入开关面板。

（3）电力载波 PLC 平面图及系统图的画法。图 6-5 和图 6-6 分别为走廊电力载波 PLC 协议平面图和系统图。

图 6-5　走廊电力载波 PLC 协议平面图

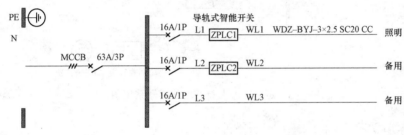

图 6-6　走廊电力载波 PLC 协议系统图

此平面图及系统图的画法适用于电力载波形式，无需对每个控制回路进行强电划分，通过 2.4G 无线自组网络，控制单个带有 ZPLC 模块的整流器，用户可根据需求利用面板、遥控或者软体的形式对灯具进行控制和调节，故可将教室内灯具（不超过 25 个）划分为一个强电回路，根据需求对每个带有地址的灯具进行分组或单灯控制及调光。

2. 增加人员感应传感器

除开关面板控制外，从节能角度增加动静感应探测器，通过人体行为模式控制灯具的开闭，实现人走灯灭，对于平时人流量少的走廊起到节能作用。可每间隔 2～3 个灯具可设置一个感应传感器。

图 6-7 和图 6-8 分别为走廊增加的人员感应传感器平面图和系统图。

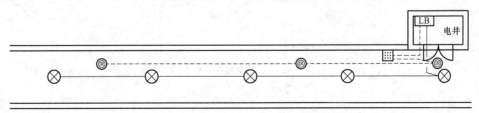

图 6-7　走廊增加人员感应传感器平面图

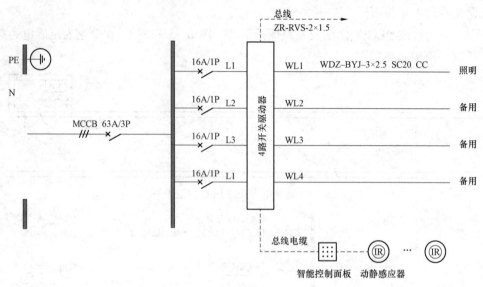

图 6-8 走廊增加人员感应传感器系统图

3. 调光控制方式

1～10V 控制方式是改变 1～10V 电压信号,从而控制灯光亮度,具有自动调光控制功能、本地面板控制功能、时钟控制功能、中央实时监控功能。除接入强电电源线外需要同时接入 1～10V 信号线至灯具整流器,以实现自动调光控制功能。同时适用于 RS-485 总线及其通信协议、KNX/EIB 协议、C-Bus 协议等。

一些特殊场所的走廊,如酒店、办公楼,白天照度要求高,晚上可以适当调暗,或者当人经过时亮度增强,这种情况可以适当增加调光模块对走廊的灯具进行 1～10V 调光控制。图 6-9 和图 6-10 是以每两个灯具为一组进行调光控制,也可根据需要调整同时控制的灯具数量。图 6-9 和图 6-10 分别为走廊 1～10V 调光控制平面图和系统图。

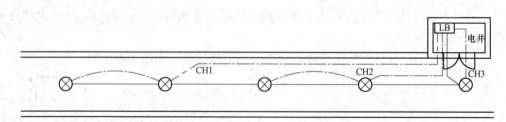

图 6-9 走廊 1～10V 调光控制平面图

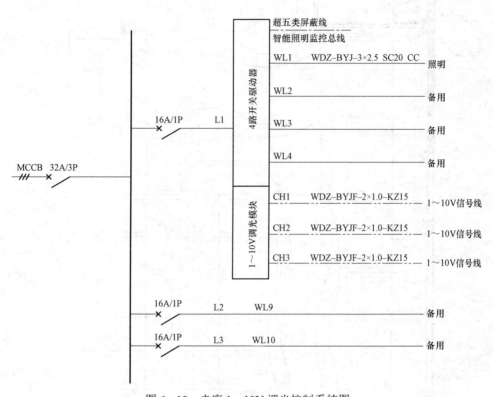

图 6-10　走廊 1～10V 调光控制系统图

6.1.2　车库

车库照明从节能角度可以采用隔盏控制方式，以实现 25%、50%、75% 和 100% 照度控制。车库内照度不小于 50lx，功率密度限值目标值不大于 2.5W/m²。

对于典型车库，车道车行方向可设置两路线槽灯，每路线槽可按 1 或 2 个普通回路设置，车位处设置一路线槽灯。

1. 集中控制

通过总线传输到中控室，在中控室集中控制车库灯具，便于工作人员操作。

（1）RS-485 总线及其通信协议、KNX/EIB 协议、C-Bus 协议等智能照明控制系统平面图及系统图的画法。图 6-11 和图 6-12 分别为其平面图和系统图。

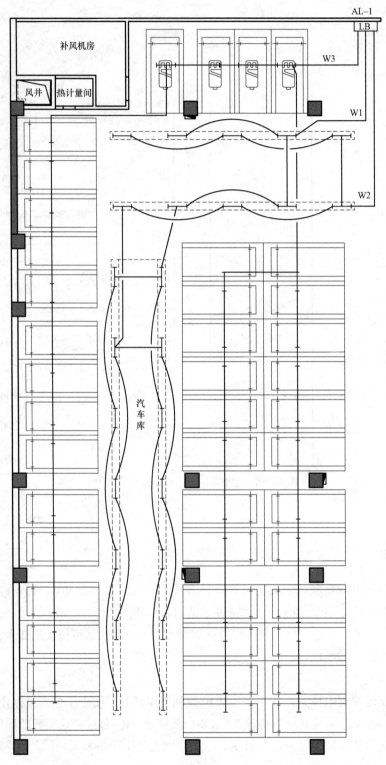

图 6-11　车库 RS-485 总线及其通信协议、KNX/EIB 协议、
C-Bus 协议等智能照明控制系统平面图

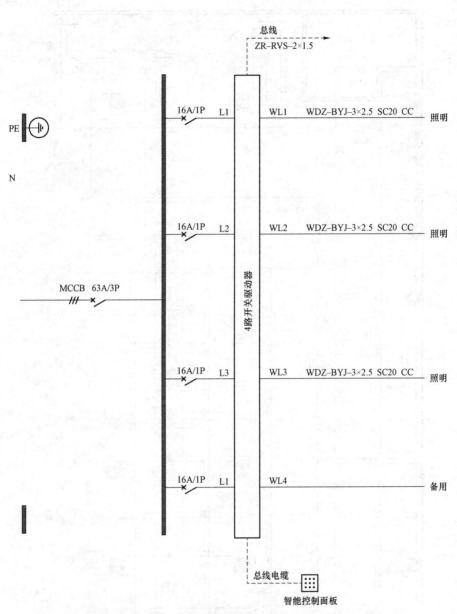

图 6-12 车库 RS-485 总线及其通信协议、KNX/EIB 协议、
C-Bus 协议等智能照明控制系统的系统图

这类协议的平面图及系统图的绘制方式大致相同,分回路控制方式的特点是每个强电回路是一个控制回路,通过智能照明控制模块对这些回路进行控制。这就需要在配电箱出线处设置多个强电出线回路以满足控制要求,并且无法更改各个灯具的组合控制方式。

(2)DALI 协议平面图及系统图的画法。图 6-13 和图 6-14 分别车库 DALI 协议平面图和系统图。

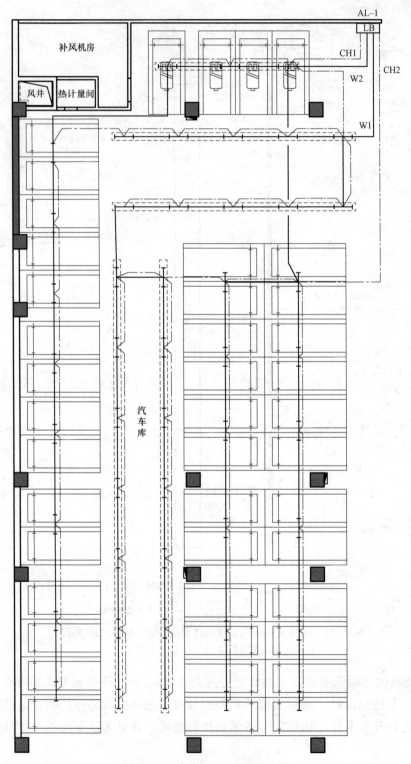

图 6-13 车库 DALI 协议平面图

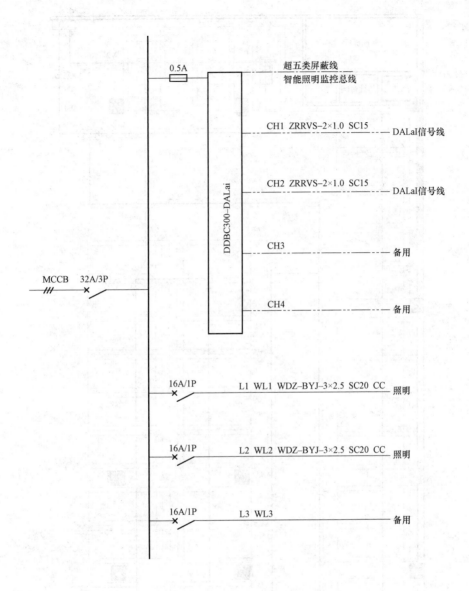

图 6-14 车库 DALI 协议系统图

此协议强电回路依据规范每 25 个灯具一个回路，除强电回路外，需接入 DALI 控制线，每根控制线可控制 64 个整流器。通过软件编程可实现对单个或多个灯具组的开关控制及调光并录入开关面板。

（3）电力载波 PLC 平面及系统画法。图 6-15 和图 6-16 分别为车库电力载波 PLC 协议的平面图和系统图。

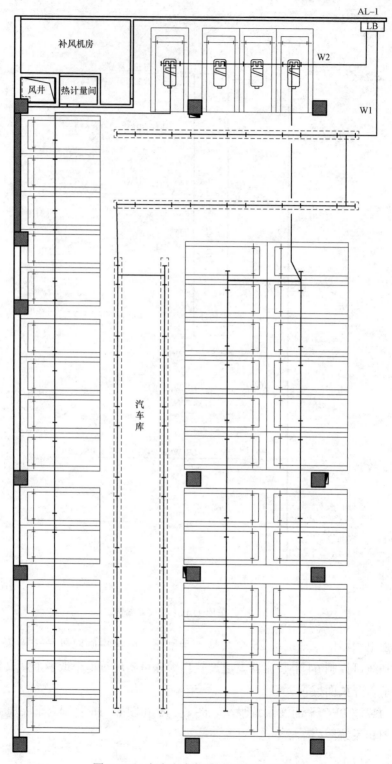

图 6–15　车库电力载波 PLC 协议平面图

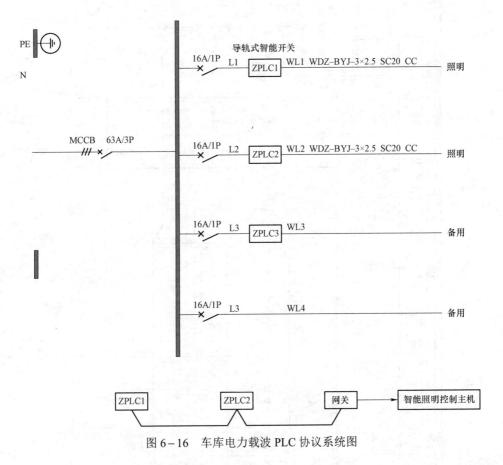

图 6-16　车库电力载波 PLC 协议系统图

此平面图及系统图的画法适用于电力载波形式，无需对每个控制回路进行强电划分，通过 2.4G 无线自组网络，控制单个带有 ZPLC 模块的整流器，用户可根据需求利用面板、遥控或者软体的形式对灯具进行控制和调节。故可将教室内灯具（不超过 25 个）划分为一个强电回路，根据需求对每个带有地址的灯具进行分组或单灯进行控制及调光。

2. 增加人员的感应传感器

除开关面板控制外，从节能角度和实用角度增加动静感应探测器，通过汽车进场或出场等行为模式控制灯具开闭。这样可以节省人员的调配并且提高进入车库的人员体验感。图 6-17 为车库增加人员的流动传感器平面图。

除外设动静感应装置外，也可以在每个灯具处单独增设动静感应模块。图 6-18 中标注"IR"的灯具单灯自带动静感应装置。

车库单灯增加人员流动传感器系统图如图 6-18 所示，车库增加人员的流动传感器系统图如图 6-19 所示。

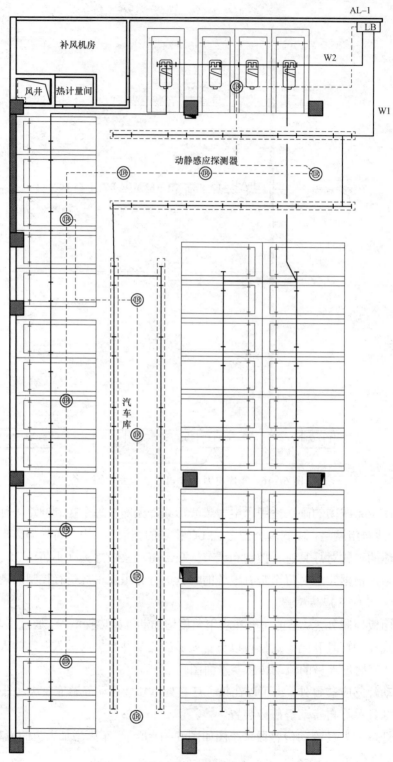

图 6-17　车库增加人员的流动传感器平面图

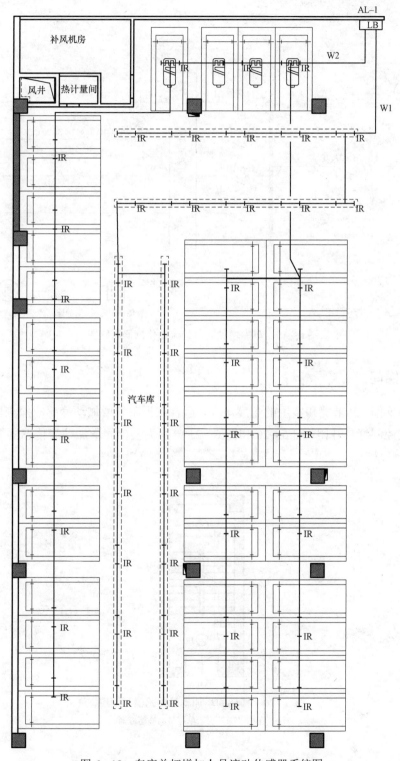

图6-18 车库单灯增加人员流动传感器系统图

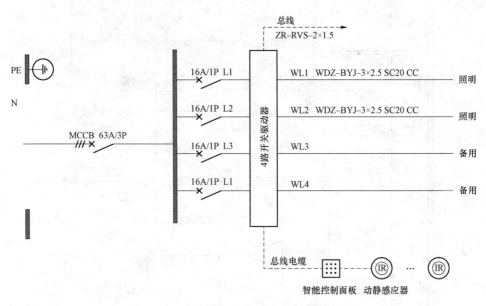

图 6-19　车库增加人员的流动传感器系统图

6.1.3　楼梯间

对于楼梯间,从节能和实用的角度出发,适合在光源处增加动静感应探测器,通过人员行为模式控制灯具开闭。图 6-20 和图 6-21 分别为楼梯间增加动静传感器平面图和系统图。

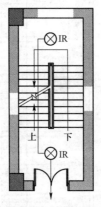

图 6-20　楼梯间增加动静传感器平面图
注:图中"IR"表示单灯带动静感应器

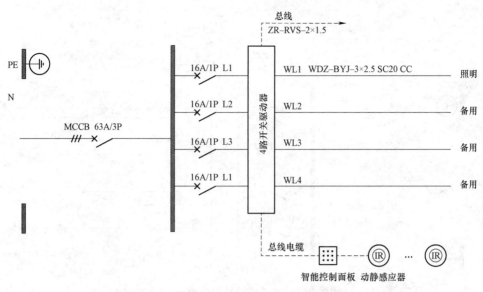

图 6-21　楼梯间增加动静传感器系统图

6.1.4　电梯厅

1. 集中控制

为方便人员统一调控，公共区域内的电梯厅灯具常用于集中控制，由通信总线传输到中控室。

RS-485 总线及其通信协议、KNX/EIB 协议、C-Bus 协议等智能照明控制系统的平面图及系统图的画法如图 6-22 和图 6-23 所示。

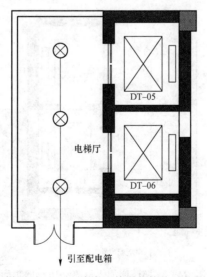

图 6-22　电梯厅 RS-485 总线及其通信协议、KNX/EIB 协议、
C-Bus 协议等智能照明控制系统平面图

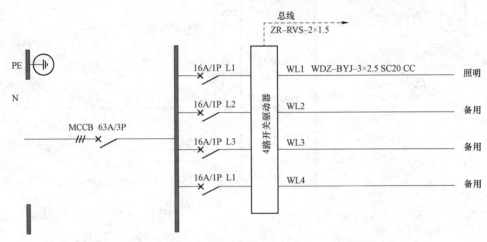

图 6-23　电梯厅 RS-485 总线及其通信协议、KNX/EIB 协议、
C-Bus 协议等智能照明控制系统的系统图

普通面积较小电梯厅一般有一个控制回路,通过智能照明控制模块对回路进行集中控制。如果电梯厅面积较大,也可分多个控制回路。

2. 增加人员感应传感器

除开关面板控制外,从节能角度出发增加动静感应探测器,通过人体行为模式控制灯具的开闭,多用于夜间人员稀少时。图 6-24 和图 6-25 分别为电梯厅增加人员流动传感器平面图和系统图。

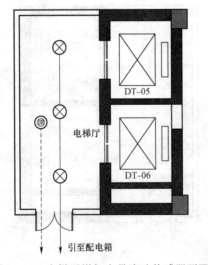

图 6-24　电梯厅增加人员流动传感器平面图

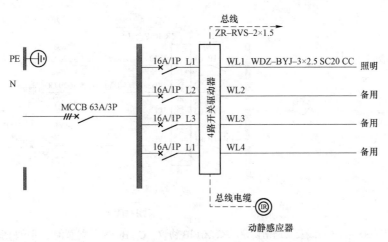

图 6-25 电梯厅增加人员流动传感器系统图

6.1.5 门厅

为方便人员统一调控,公共大厅灯具常用于集中控制,由通信总线传输到中控室。夜间或人员稀少时,可以采用隔盏控制方式只开启 50% 或 25% 灯具。

（1）RS-485 总线及其通信协议、KNX/EIB 协议、C-Bus 协议等智能照明控制系统平面图及系统图的画法。图 6-26 和图 6-27 分别为这些协议在门厅智能照明控制系统的平面图和系统图。

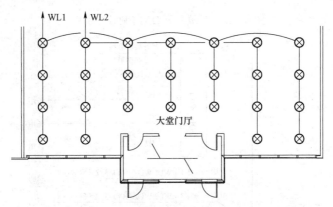

图 6-26 门厅 RS-485 总线及其通信协议、KNX/EIB 协议、
C-Bus 协议等智能照明控制系统平面图

（2）DALI 协议平面及系统画法。此协议强电回路依据规范每 25 个灯具一个回路,除强电回路外,需接入 DALI 控制线,每根控制线可控制 64 个整流器。通过软件编程可实现对单个或多个灯具组的开关控制及调光并录入开关面板。对于门厅照明方案,也可以根据需要实现所需照度。开敞办公 DALI 协议平面图和系统图如图 6-28 和图 6-29 所示。

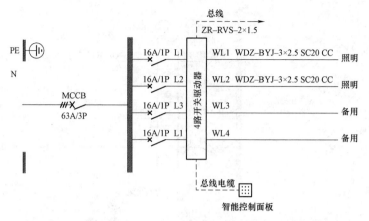

图 6-27 门厅 RS-485 总线及其通信协议、KNX/EIB 协议、C-Bus 协议等智能照明控制系统的系统图

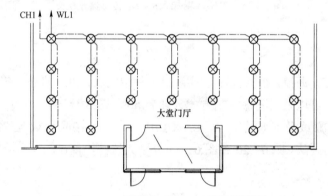

图 6-28 开敞办公 DALI 协议平面图

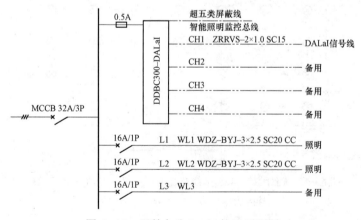

图 6-29 开敞办公 DALI 协议平面图

（3）电力载波 PLC 平面图及系统图的画法。门厅电力载波 PLC 协议平面图和系统图如图 6-30 和图 6-31 所示。

此平面图及系统图的画法适用于电力载波形式，无需对每个控制回路进行强电划分，通过 2.4G 无线自组网络，控制单个带有 ZPLC 模块的整流器，用户可根据需求利用面板、遥控或者软体的形式对灯具进行控制和调节。可将教室内灯具（不超过 25 个）划分为一个强电回路，根据需求对每个带有地址的灯具进行分组或单灯控制。

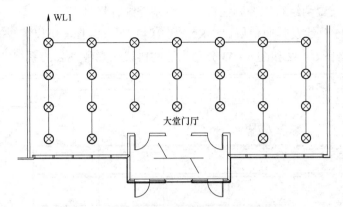

图 6-30　门厅电力载波 PLC 协议平面图

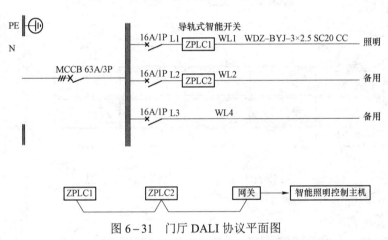

图 6-31　门厅 DALI 协议平面图

6.2　开敞办公

开敞办公的照明灯具布置需要结合工位家具的摆放，根据《建筑照明设计标准》（GB 50034），办公建筑照度为 300lx，功率密度限值的目标值不应大于 8W/m²。

对于开敞办公室，可充分利用自然采光将靠近窗户的灯与其余灯具分开控制，并设置光感探测设备，在工作区域设置动静感应探测器，对办公区域或走廊区域灯具进行分区控制，实现自动化控制。有人工作时探测器接收人员动作自动开灯，无人时延时 15~30min 自动关灯，且有人工作但工作面照度满足要求时不开灯。动静感应与照度感应探测器配合工作，互不干扰。动静感应探测器和照度感应探测器还可对电动窗帘进行自动控制，有人工作当自然光线超过一定照度时，可自动将电动窗帘放下，并开启照明设备满足工作照度要求，无人时延时 30min 自动打开窗帘。办公室入口设置开关控制面板，可对房间内的灯具和窗帘进行控制。

1. 开关面板控制

在办公室内设置两组智能控制面板，可分别控制各灯具。

（1）RS-485 总线及其通信协议、KNX/EIB 协议、C-Bus 协议等智能照明控制系统平面及系统画法。图 6-32 和图 6-33 分别为这些协议在开敞办公的系统平面图和系统图。

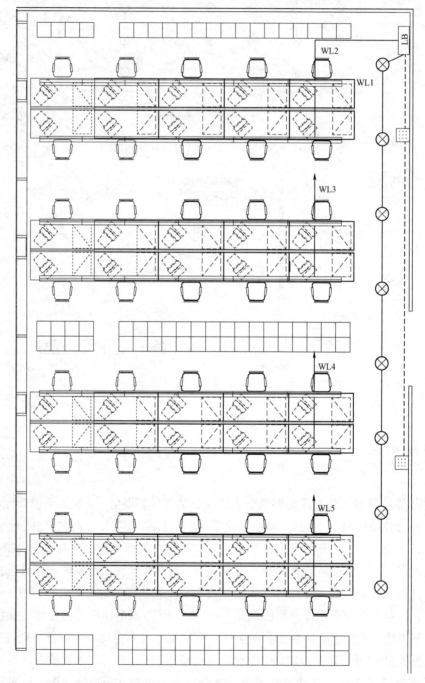

图 6-32　开敞办公 RS-485 总线及其通信协议、KNX/EIB 协议、
C-Bus 协议等智能照明控制系统平面图

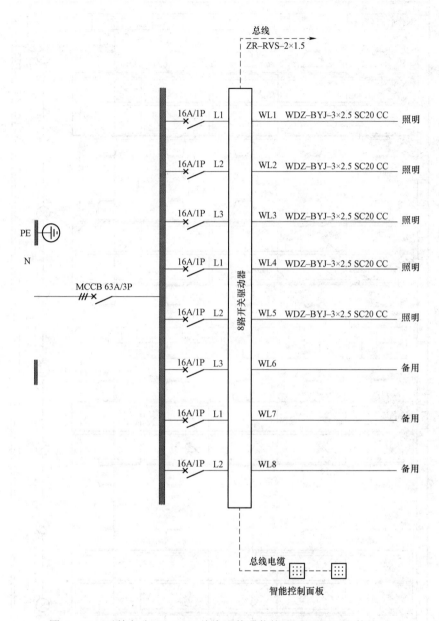

总线
ZR–RVS–2×1.5

16A/1P	L1	WL1	WDZ–BYJ–3×2.5 SC20 CC	照明
16A/1P	L2	WL2	WDZ–BYJ–3×2.5 SC20 CC	照明
16A/1P	L3	WL3	WDZ–BYJ–3×2.5 SC20 CC	照明
16A/1P	L1	WL4	WDZ–BYJ–3×2.5 SC20 CC	照明
16A/1P	L2	WL5	WDZ–BYJ–3×2.5 SC20 CC	照明
16A/1P	L3	WL6		备用
16A/1P	L1	WL7		备用
16A/1P	L2	WL8		备用

PE
N

MCCB 63A/3P

8路开关驱动器

总线电缆

智能控制面板

图 6-33　开敞办公 RS-485 总线及其通信协议、KNX/EIB 协议、
C-Bus 协议等智能照明控制系统的系统图

　　这类协议的平面及系统绘制方式大致相同,分回路控制方式的特点是每个强电回路是一个控制回路,通过智能照明控制模块对这些回路进行控制。这就需要在配电箱出线处设置多个强电出线回路以满足控制要求,并且无法更改各个灯具的组合控制方式。

　　(2) DALI 协议平面图及系统图的画法。开敞办公 DALI 协议的平面图和系统图如图 6-34 和图 6-35 所示。

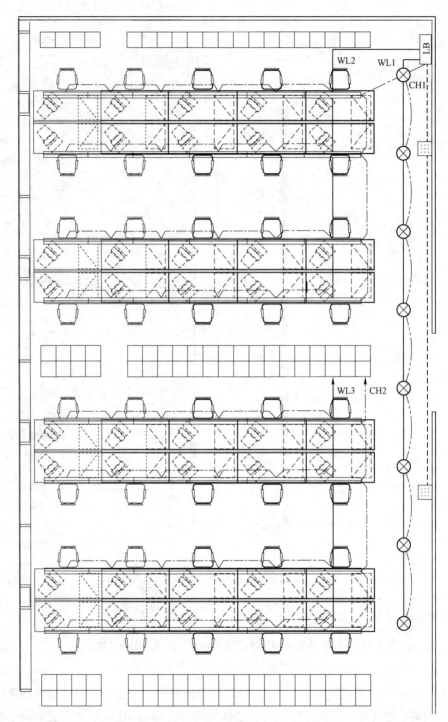

图 6-34 开敞办公 DALI 协议平面图

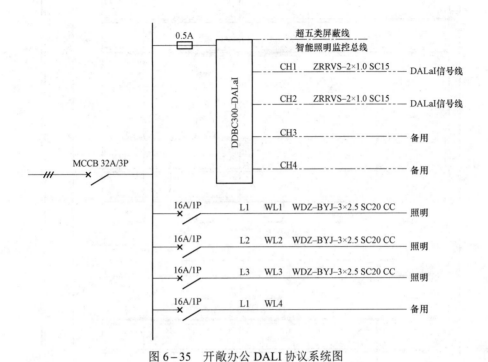

图 6-35 开敞办公 DALI 协议系统图

此协议强电回路依据规范每 25 个灯具一个回路，除强电回路外，需接入 DALI 控制线，每根控制线可控制 64 个整流器。通过软件编程可实现对单个或多个灯具组的开关控制及调光，并录入开关面板。

（3）电力载波 PLC 平面图及系统图的画法。开敞办公电力载波 PLC 协议的平面图和系统图如图 6-36 和图 6-37 所示。

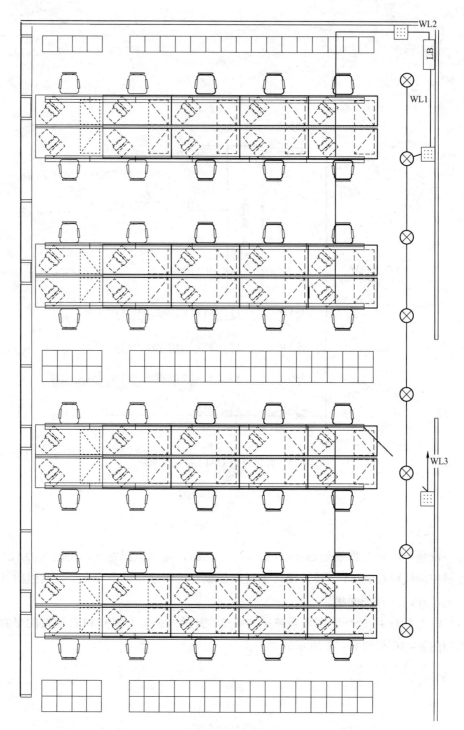

图 6-36 开敞办公电力载波 PLC 协议平面图

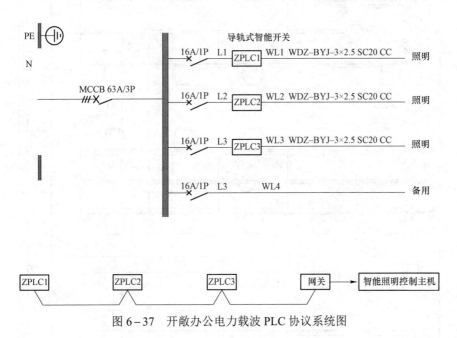

图 6-37　开敞办公电力载波 PLC 协议系统图

　　此平面图及系统画法适用于电力载波形式，无需对每个控制回路进行强电划分，通过 2.4G 无线自组网络，控制单个带有 ZPLC 模块的整流器，用户可根据需求利用面板、遥控或者软体的形式对灯具进行控制和调节。可将教室内灯具（不超过 25 个）划分为一个强电回路，根据需求对每个带有地址的灯具进行分组或单灯控制，例如可将图 6-36 中办公桌上方灯具分为两个灯具一组分别控制。

　　2. 增加人员感应传感器

　　除开关面板控制外，从节能角度增加动静感应探测器，通过人体行为模式控制灯具的开闭，由于办公室属于长期工作环境，可将动静感应灯具点亮时长调长，以便工作环境的稳定。开敞办公增加人员流动传感器的平面图和系统图如图 6-38 和图 6-39 所示。

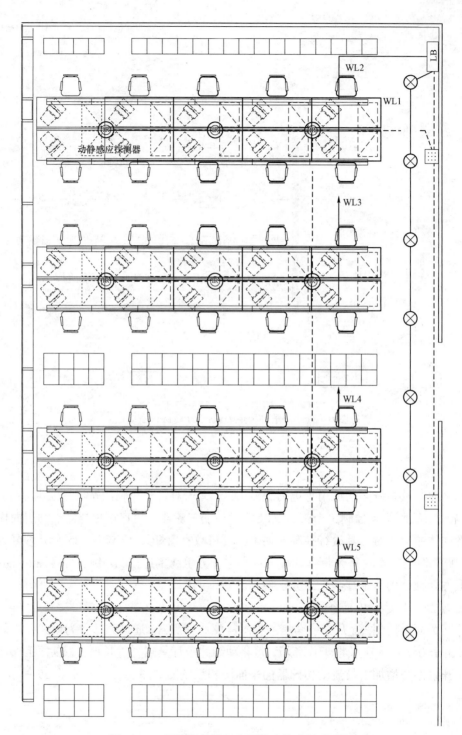

动静感应探测器

图 6-38 开敞办公增加人员流动传感器平面图

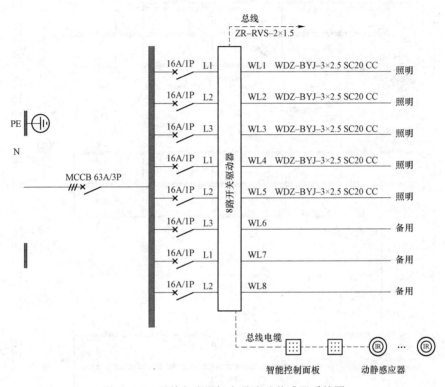

图6-39 开敞办公增加人员流动传感器系统图

除外设动静感应装置外,办公室灯具也可以每个灯具单独增设动静感应模块,以达节能效果。

3. 增加光照度探测器

通过光敏探测器接收太阳光照度对窗边灯具进行开关控制及调光控制以达到节能效果。开敞办公增加光照度传感器的平面图和系统图如图6-40和图6-41所示。

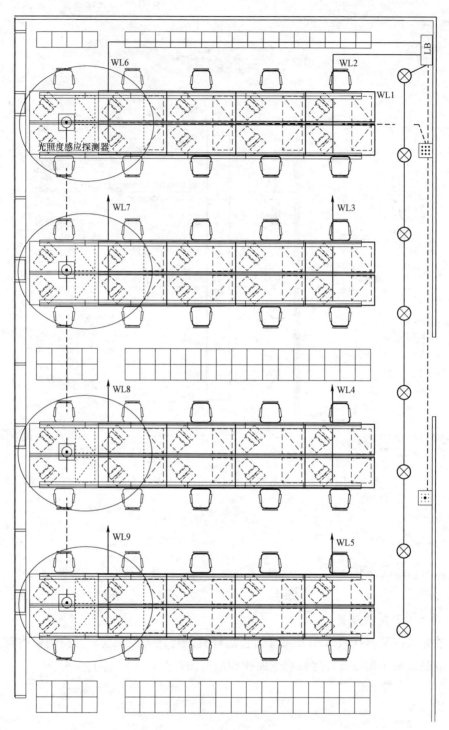

图 6-40 开敞办公增加光照度传感器平面图

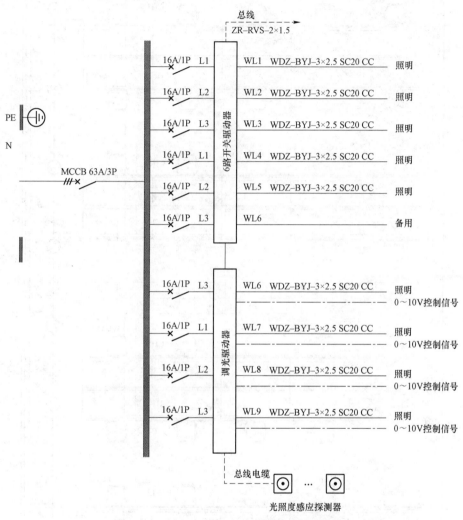

图 6-41 开敞办公增加光照度传感器系统图

4. 调光控制方式

1~10V 控制方式是改变 1~10V 电压信号，从而控制灯光亮度，具有自动调光控制功能、本地面板控制功能、时钟控制功能、中央实时监控功能。除接入强电电源线外，还需要同时接入 1~10V 信号线至灯具整流器，以实现自动调光控制功能，同时适用于 RS-485 总线及其通信协议、KNX/EIB 协议、C-Bus 协议等。图 6-42 和图 6-43 分别为开敞办公 1~10V 控制平面图和系统图。

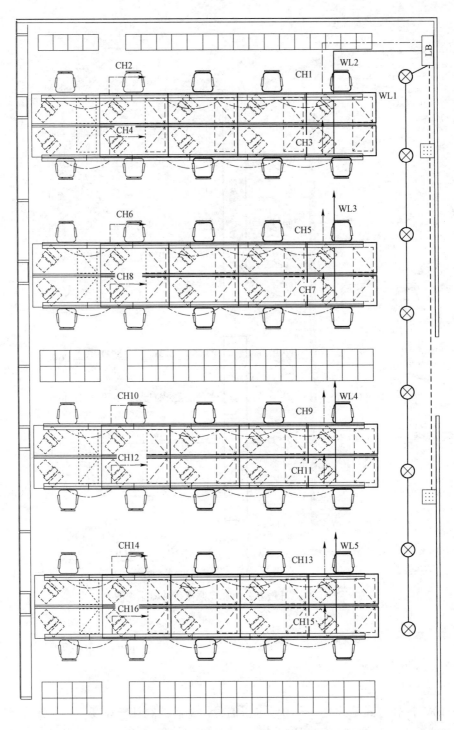

图 6-42　开敞办公 1～10V 控制平面图

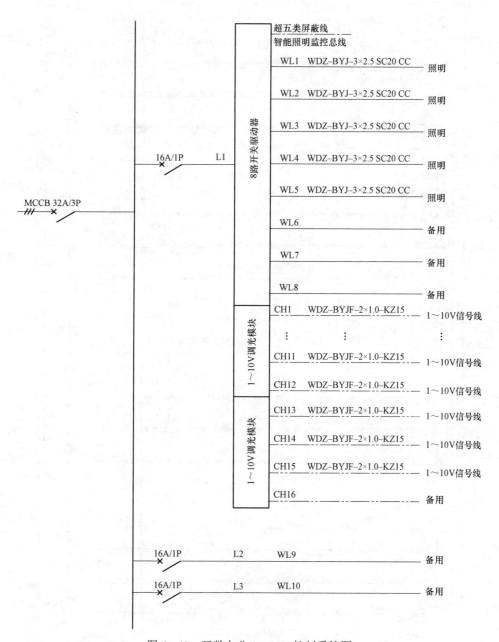

图 6-43 开敞办公 1～10V 控制系统图

　　针对办公区照明方案,为满足办公区工作照度满足时不开灯或对灯具进行调光,可使用光照度感应传感器与调光控制方式结合。每 4 个灯具为一个调光回路,同时设置光照度感应器,实现自然光足够满足办公照度时不开灯或将灯具照度调弱。开敞办公 1～10V 控制增加光照度感应器的平面图和系统图分别如图 4-44 和图 4-45 所示。

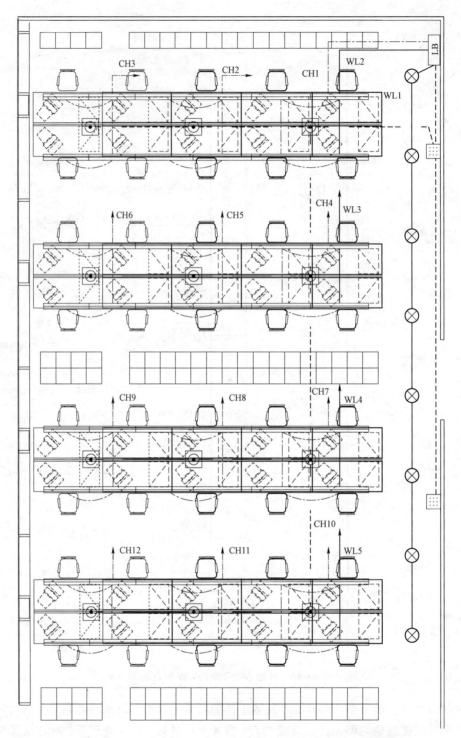

图 6-44 开敞办公 1～10V 控制增加光照度感应器平面图

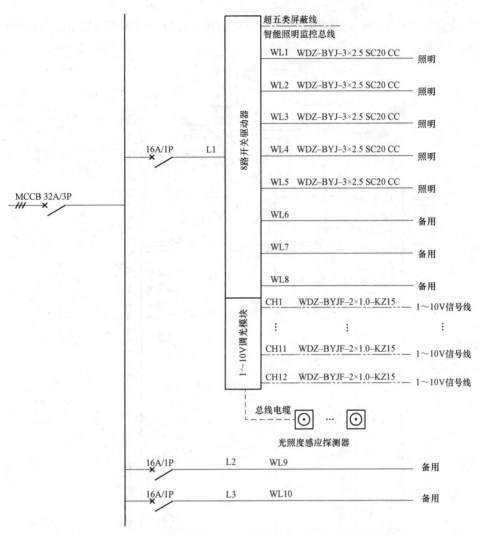

图6-45 开敞办公1～10V控制增加光照度感应器系统图

6.3 旅馆客房

若酒店或旅馆客房采取一般照明方式,耗电量较大,且无法满足客人个性化功能要求,故一般采取局部照明的方式可满足客房各部分活动空间要求的特点。根据《教育建筑电气设计规范》(JGJ 310—2013)要求,客房一般活动区照度标准值为75lx,床头照度标准值为150lx,写字台照度标准值为300lx,卫生间照度标准值为150lx。

在客房内设置1～2组智能控制面板可以分别控制客房的各个灯具,卫生间设置1组控制面板控制卫生间的灯具及排风。

(1) RS-485总线及其通信协议、KNX/EIB协议、C-Bus协议等智能照明控制系统

平面图及系统图的画法。这些协议的智能照明控制系统的平面图和系统图分别如图 6−46
和图 6−47 所示。

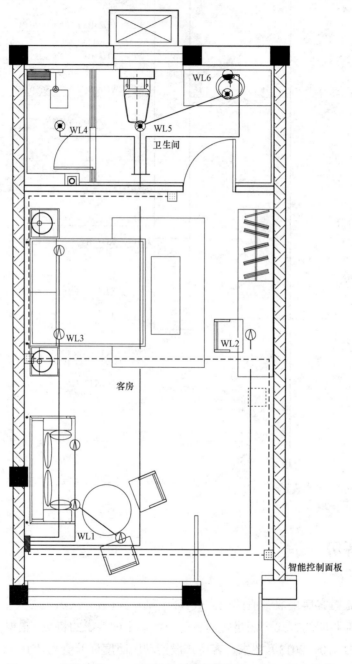

图 6−46 旅馆客房 RS−485 总线及其通信协议、KNX/EIB 协议、
C−Bus 协议等智能照明控制系统平面图

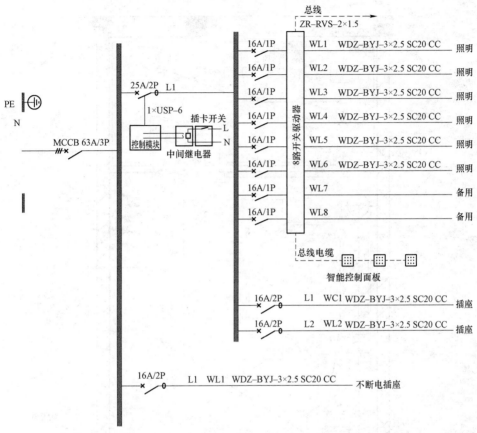

图 6-47 旅馆客房 RS-485 总线及其通信协议、KNX/EIB 协议、
C-Bus 协议等智能照明控制系统的系统图

对于普通客房来说,每回路所带灯具较少,此类协议对于配电箱出线回路的设置过多。

(2)电力载波 PLC 平面图及系统图的画法。

对于一般典型客房,可选用 ZPLC 系统,将客房内灯具(不超过 25 个)划分为 1～2 个强电回路,根据需求使用软件调试将每个带有地址的灯具进行分组控制,如图 6-48 所示,相同编码灯具为一个控制回路。同时使用用户可以根据需求对每组灯具进行调光、设置照明时序计划。可将客房内照明场景分为会客模式、休息模式和阅读模式等,并且根据每个模式的功能调整各组灯具的照度以及电动窗帘的闭合。根据需求对每个带有地址的灯具进行分组或单灯控制,例如,可将普通客房灯具分为 L1～L6 回路分别控制及调光。旅馆客房电力载波 PLC 的平面图和系统图分别如图 6-48 和图 6-49 所示。

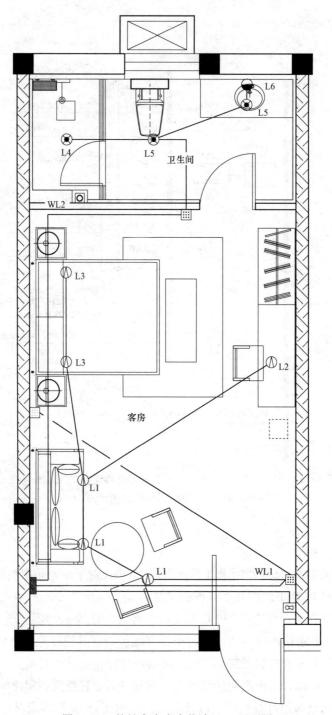

图 6-48　旅馆客房电力载波 PLC 平面图

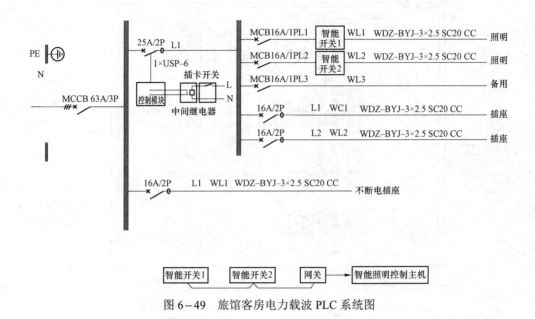

图 6-49　旅馆客房电力载波 PLC 系统图

6.4　教室

从节能角度教室照明应充分利用自然采光，并根据《教育建筑电气设计规范》（JGJ 310—2013）要求，所控灯列宜与侧窗平行，教室内照度不小于 300lx，功率密度限值目标值不大于 8W/m²。对于典型行政班教室，可在黑板上方 1m 范围内布置黑板灯，座椅上方根据规范照度要求设置单排或双排 LED/荧光管灯。

第一排座椅上方灯具宜单独回路控制，当教室使用投影幕布时，可关闭前排灯，这样可以保护学生视力并且使投影更清晰；除第一排灯外，后方学生课桌椅上方灯具，从节能的角度可以分开控制，这些照明回路分别由开闭控制驱动器控制。投影仪升降支架、电动幕布以及电动窗帘由窗帘驱动器控制。

1. 开关面板控制

在教室内设置两组智能控制面板可分别控制各灯具。

（1）RS-485 总线及其通信协议、KNX/EIB 协议、C-Bus 协议等智能照明控制系统平面图及系统图的画法。这些协议智能照明控制的系统平面图和系统图分别如图 6-50 和图 6-51 所示。

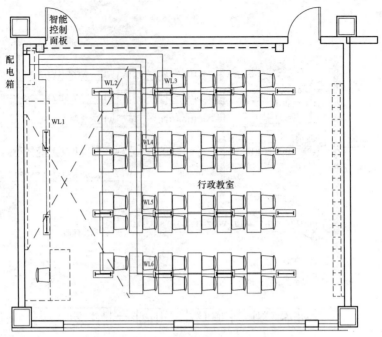

图 6-50　教室 RS-485 总线及其通信协议、KNX/EIB 协议、
C-Bus 协议等智能照明控制系统平面图

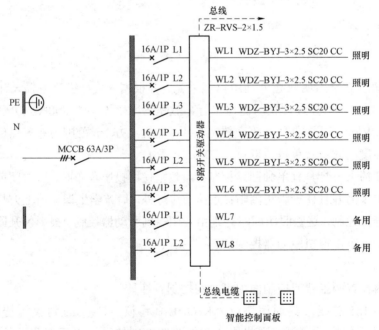

图 6-51　教室 RS-485 总线及其通信协议、KNX/EIB 协议、
C-Bus 协议等智能照明控制系统的系统图

　　这类协议的平面图及系统图绘制方式大致相同，分回路控制方式的特点是每个强电回路是一个控制回路，通过智能照明控制模块对这些回路进行控制。这就需要在配电箱出线

处设置多个强电出线回路以满足控制要求，并且无法更改各个灯具的组合控制方式。

（2）DALI 协议平面图及系统图的画法。图 6-52 和图 6-53 分别为教室、DALI 协议的平面图和系统图。

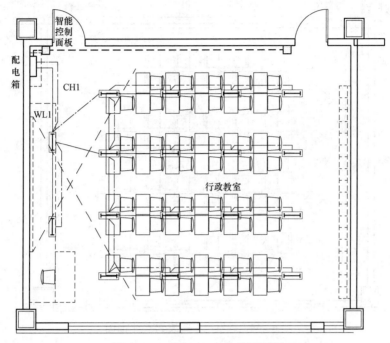

图 6-52　教室 DALI 协议平面图

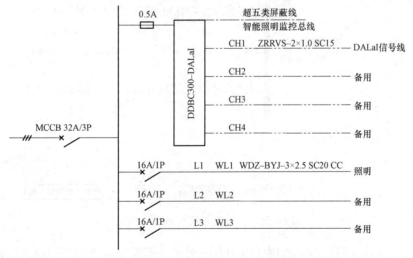

图 6-53　教室 DALI 协议系统图

此协议强电回路依据规范每 25 个灯具一个回路，除强电回路外，需接入 DALI 控制线，每根控制线可控制 64 个整流器。通过软件编程可实现对单个或多个灯具组的开关控制及调光并录入开关面板。

（3）电力载波 PLC 平面图及系统图的画法。教室、电力载波 PLC 的平面图和系统图分别如图 6-54 和图 6-55 所示。

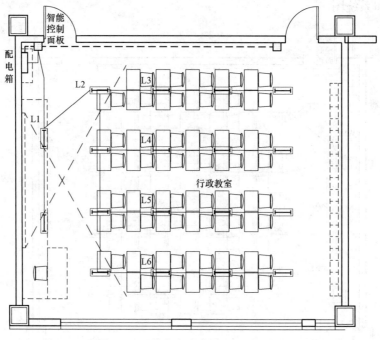

图 6-54　教室电力载波 PLC 平面图

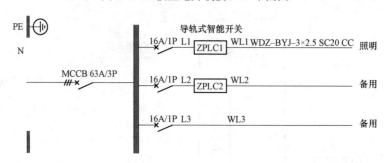

图 6-55　教室电力载波 PLC 系统图

此平面图及系统图的画法适用于电力载波形式，无需对每个控制回路进行强电划分，通过 2.4G 无线自组网络，控制单个带有 ZPLC 模块的整流器，用户可根据需求利用面板、遥控或者软件的形式对灯具进行控制和调节。可将教室内灯具（不超过 25 个）划分为一个强电回路，根据需求对每个带有地址的灯具进行分组或单灯控制，例如，可将图中教室灯具分为 L1~L6 回路分别控制。

2. 增加人员感应传感器

除开关面板控制外，从节能角度来说每种协议均能增加动静感应探测器，通过人体行为模式控制灯具开闭。以 C-Bus 系统为例，图 6-56 和图 6-57 分别为教室、增加人员流动传感器的平面图和系统图。

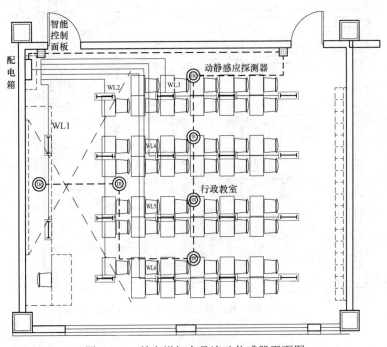

图 6-56 教室增加人员流动传感器平面图

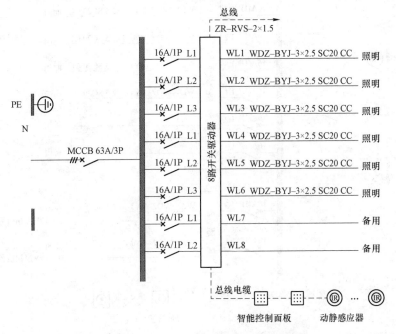

图 6-57 教室增加人员流动传感器系统图

3. 增加光照度探测器

每种协议均能通过光敏探测器接收太阳光照度对灯具进行开关控制及调光控制。以C-Bus系统为例，图6-58和图6-59分别为教室、增加光度传感器的平面图和系统图。

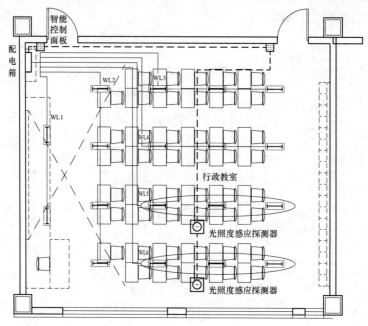

图6-58　教室增加照度传感器平面图

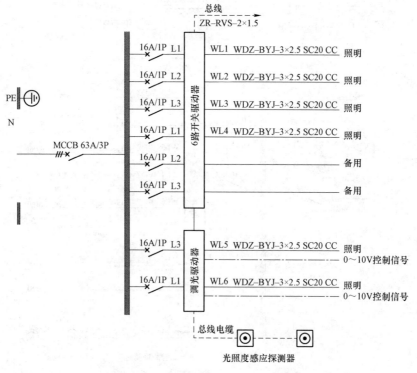

图6-59　教室增加照度传感器系统图

4. 调光控制方式

1～10V 控制方式是改变 1～10V 电压信号，从而控制灯光亮度，具有自动调光控制功能、本地面板控制功能、时钟控制功能和中央实时监控功能。除接入强电电源线外需要同时接入 1～10V 信号线至灯具整流器，以实现自动调光控制功能。同时适用于 RS-485 总线及其通信协议、KNX/EIB 协议、C-Bus 协议等。教室 1～10V 控制的平面图和系统图分别如图 6-60 和图 6-61 所示。

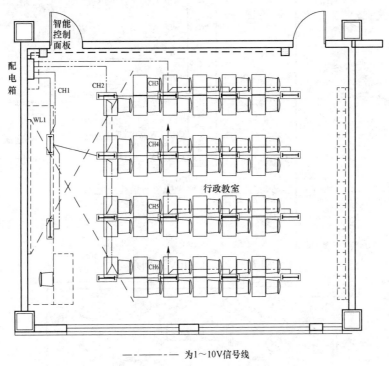

————·— 为1～10V信号线

图 6-60　教室 1～10V 控制平面图

6.5　会议室

会议室的照明灯具可根据布置需要结合会议桌和投影机的摆放，根据《建筑照明设计标准》(GB 50034) 要求，会议室照度为 300lx，功率密度限值的目标值不应大于 8W/m²。

会议室可根据投影需求单独控制前排灯具，两侧灯具根据需求单独控制。

1. 开关面板控制

(1) RS-485 总线及其通信协议、KNX/EIB 协议、C-Bus 协议等智能照明控制系统的平面图及系统图的画法。这些协议的会议室、智能照明控制系统的平面图和系统图分别如图 6-62 和图 6-63 所示。

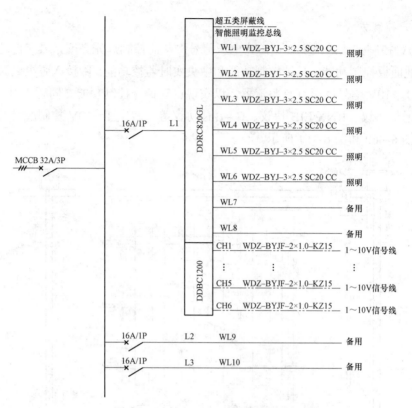

图 6-61 教室 1～10V 控制系统图

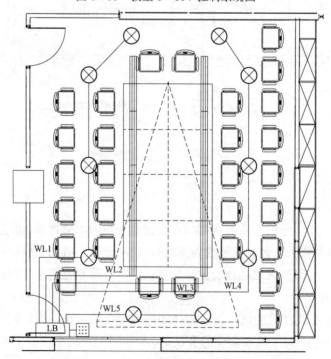

图 6-62 会议室 RS-485 总线及其通信协议、KNX/EIB 协议、
C-Bus 协议等智能照明控制系统平面图

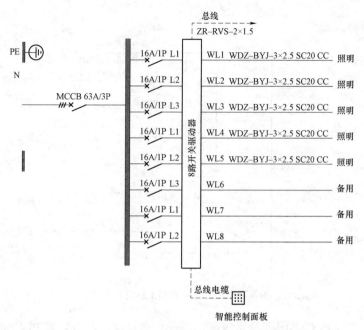

图6-63　会议室 RS-485 总线及其通信协议、KNX/EIB 协议、
C-Bus 协议等智能照明控制系统的系统图

（2）DALI 协议平面图及系统图的画法。会议室、DALI 协议的平面图和系统图分别如图6-64和图6-65所示。

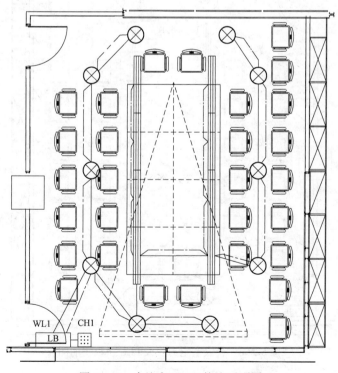

图6-64　会议室 DALI 协议平面图

117

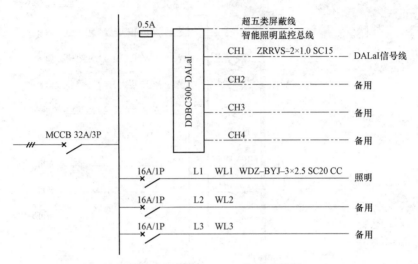

图 6-65　会议室 DALI 协议系统图

（3）电力载波 PLC 平面图及系统图的画法。会议室、电力载波 PLC 协议的平面图和系统图分别如图 6-66 和图 6-67 所示。

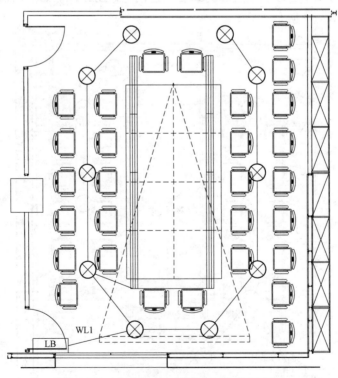

图 6-66　会议室电力载波 PLC 协议平面图

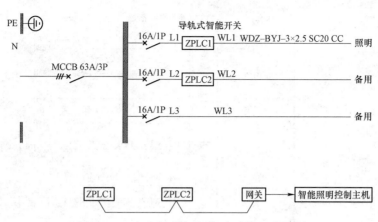

图 6-67 会议室电力载波 PLC 协议系统图

2. 调光控制方式

1～10V 控制方式是改变 1～10V 电压信号，从而控制灯光亮度，具有自动调光控制功能、本地面板控制功能、时钟控制功能、中央实时监控功能。除接入强电电源线外需要同时接入 1～10V 信号线至灯具整流器，以实现自动调光控制功能。同时适用于 RS-485 总线及其通信协议、KNX/EIB 协议、C-Bus 协议等。

会议室根据回路划分对会议桌两侧的筒灯或 LED 灯管进行调光以切换会议模式。会议室、1～10V 控制的平面图和系统图分别如图 6-68 和图 6-69 所示。

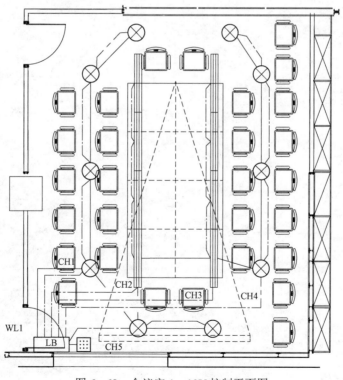

图 6-68 会议室 1～10V 控制平面图

119

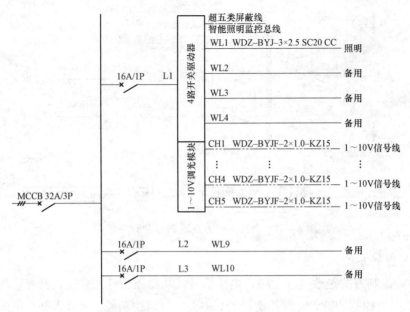

图 6-69　会议室 1~10V 控制系统图

7 智能照明工程的施工、验收与运行维护

7.1 智能照明控制系统的造价与施工管理

智能照明控制系统是照明工程中的一项内容,其造价的有效控制是工程建设管理的一个组成部分。照明工程分为立项决策阶段、设计阶段、招投标阶段、工程施工阶段和验收结算阶段。这其中的每个阶段又是由一系列的具体活动和要素构成的。开展各项具体工程项目所带来的资源消耗决定智能照明控制系统工程实施全过程的造价。通过对各个阶段造价构成部分的管理,以实现对整个智能照明工程全过程的造价管理。

7.1.1 概述

智能照明控制系统工程包含的阶段及注意事项如下:

1. 立项决策阶段

2. 成本控制

(1) 影响造价的因素。

(2) 明确设计范围和深度。

(3) 招标多样性、设备唯一性。

(4) 现场勘测,前期预留预埋情况复核,主要设备安装位置核查,缆线、管线及桥架等清单核对,验货。

3. 承发阶段

4. 工程实施阶段

(1) 工程预算的编制。

(2) 工程施工过程管理。

(3) 规范设备、材料采购招投标工作。

(4) 施工成本控制。

(5) 施工方案优化。

(6) 地下隐蔽工程的施工和质量验收。

(7) 提高地上安装部分的细部质量。

（8）安装后的试灯、检测和检查。

（9）严格审查设计变更。

在照明工程中，关于智能照明控制系统的设计变更和洽商虽然比较少，但是很重要。在施工过程中引起设计变更和洽商的原因很多，如工程设计粗糙，使工程实际与发包时提供的图样不符；市场供应的材料规格标准不符合设计要求等。减少设计变更的方法有：

1）做好施工前的设计校对和图样会审工作，尽早发现问题，并及时解决。

2）严禁通过设计变更扩大建设规模，提高设计标准，增加设计内容。一般情况下不允许设计变更，除非不变更会影响工程项目功能的正常发挥或使工程项目无法继续进行下去。

3）认真处理必须发生的设计变更，对于涉及费用增减的洽商，必须经设计单位代表、建设方现场代表、总监理工程师共同签字才能有效。

4）最重要的是设计标准的确定。

洽商一般出现在隐蔽工程中，在提出洽商之前，进行工程量及造价增减分析，经设计单位同意后才可实施。如果洽商导致工程造价突破总预算，必须经有关部门审查同意，切实防止因洽商增加设计内容，提高设计标准，提高工程造价的事情发生。为此，应指派工程造价管理专业人员常驻施工现场，随时掌握并控制工程造价的变化情况。

（10）认真对待洽商及变更。

要求建设方必须做好施工现场记录，同时要经常到工地，做到"随做随签"，避免日后洽商。同时洽商和设计变更必须达到量化要求，定性化和含糊不清的洽商和变更坚决不签字。现场洽商和设计变更是工程建设过程中的一项经常性操作，许多工程由于现场洽商和设计变更不严肃，给工程结算带来非常大的麻烦，甚至给建设方带来不少经济损失。严格现场洽商和设计变更管理，首先工程技术人员不仅做到"随做随签"，还应该做到：

1）洽商和设计变更必须达到量化要求，工程洽商和设计变更单上的每一个字、每一个字母都必须清晰。

2）洽商和设计变更的内容必须与实际相符。

3）洽商和设计变更的内容不能超过应洽商和设计变更的范围。

对于大多数智能照明工程来说，现场洽商和设计变更主要发生在隐蔽工程部位和系统安装时。如果需要洽商和设计变更，建设方一定要到施工现场进行检查后才能签字盖章，避免竣工结算时引起不必要的纠纷。

5. 验收结算阶段

工程竣工验收后结算时，应严格按照施工合同和有关文件执行，必要时可由中介机构进行结算审计，以保证最终工程造价的准确和公正。竣工结算是建设方和施工单位都十分重视的工作，在这个环节上应做到以下几点：

（1）核对竣工工程内容是否符合合同要求，工程是否竣工验收合格，如合同中约定的结算方法、计价依据、收费标准、主材价格和优惠与承诺条件等。

（2）检查核对隐蔽工程验收记录，所有隐蔽工程均需进行验收，实行监理的工程要经监理工程师签字确认，隐蔽工程量要与竣工图样相一致。

落实设计变更洽商和设计变更，设计变更要有原设计单位负责人签字，并经建设单位和监理工程师签字，重大设计变更要经原设计审批部门审批，否则不应列入竣工结算。

现场按竣工图、设计变更、现场洽商进行工程量的核实，要做到严格、合理、公平、公正，照明工程中智能照明控制系统要及时竣工验收并形成"竣工决算"价格。

对于政府工程，行政审计不可避免，有必要把目前的"事后介入"改为与工程建设"同步介入"，及时了解控制建设资金使用问题，对工程造价的实施做出最终合理确定。目前有如下几种工程审核方法：

（1）全面审核法是按照工程图样的要求，结合现行定额、施工组织设计、承包合同或协议以及有关造价计算的规定和文件等，全面地审核工程数量、单价以及费用计算。这种方法的优点是全面细致，审查质量高，效果好；缺点是工作量大，时间较长，存在重复劳动。

（2）综合审核法是结合点审核法、对比审核法、分组计算审查法等方法对工程造价进行综合性审查。这里之所以称为综合审核法，是因为这几种方法各有各的适用范围，但不是孤立使用，而是同时、交替使用。它的优点是较好地把握整体、突出重点、抓住主要矛盾，并可以在较短时间内发现问题，继而进行更为详细的审核。

在竣工结算阶段，工程决算人员一定要重点做好工程量和定额套用的审查工作：

（1）工程量的结算审查。工程决算人员要与工程各有关部门积极配合，收集、整理出所有相关的设计文件、施工变更、现场洽商和设计变更以及设备、材料的招标文件，并对各种材料的真实性和合理性进行详细的审查。然后在熟悉图样并对整个工程设计和施工有系统的认识后，以一定工程量计算规则对工程量的结果进行审查。

（2）定额套用的结算审查。在结算审查中定额的套用是一个非常重要的工作，因为在照明工程中，一些定额子目比较模糊甚至有缺项。对于这些子目，概预算人员一定要慎重，不能轻易下结论，避免出现定额错套、高套、定额换算错误等情况，从而把好工程结算关，减少不必要的投资。

目前，许多智能照明控制系统工程结算仍采用定额计价，因此，在结算时应重点做好工程量和定额套用的审查。结算的工程量应以招标文件和承包合同中的工程量为依据，考虑变更工程量，特别要对施工洽商和设计变更单的符合性和合理性进行详细的审查。

施工合同是工程决算、拨付工程款及处理索赔的直接依据，也是工程建设质量控制、进度控制、费用控制的主要依据。因此，在签订合同时应谨慎，特别是采用费率招标时，更应弄清建设方与施工单位各方的责、权、利。对于其中的包干风险费，必须把握其费用的内涵，这对于照明工程来说是非常重要的。

在工程施工决算时，审核人员应坚持按合同办事，对工程预算外的费用严格控制，对于未按图样要求完成的工作量及未按规定执行的施工洽商和设计变更一律核减费用。凡合同条款明确包含的费用，属于风险费用包含的费用，未按合同条款履行的违约等一律核减费用，严格把好审核关。对工程量的审核应根据施工承包合同要求，对施工过程中出现的设计变更、现场洽商和设计变更等进行审核，不能多算或不按规则计算。在要求施工企业报送相应的工程计算式和材料用量明细表的同时，造价管理单位也要编制一份完整的结算书和材料用量明细，这样比照审核，才能做到客观、公正、合理，准确进行计量审核。在结算审核中，还应注意审核项目的单价、结算书中分项的正确性及程序的准确性，并应结合现场的实际情况分析计算。

智能照明控制系统的造价管理工作涉及许多单位、部门，是一项复杂的系统工程。既需要政府的调控、引导，也需要机构、企业及各个造价人员的共同努力，以实现工程造价管理的目标。让照明工程建设项目从立项开始的整个过程都处于受控状态，从而实行合理有效的管理工程建设，控制建设工程的造价。

智能照明控制系统的造价控制需要进行全过程、全方位的管理和控制，只有加强对每个环节的造价控制和审查，通过控制来发现项目投资管理上存在的问题和薄弱环节，促使投资管理的不断完善，才可提高投资效果。投资管理中应充分发挥激励和约束两种机制的功能，并不断进行投资管理体制的改革，实行照明工程的法人管理制度，改革现行的定额计价模式，实行量价分离，形成以量为主的企业定额系统，建立以市场定价的价格机制。

工程造价的控制与管理是一个动态的过程，工程造价的管理工程应始终贯穿于工程的全过程。在工程建设的各个阶段，要充分利用和认真分析建设周期中的重要信息，把握住市场经济的脉搏，减少或避免建设资金的流失，最大限度地提高建设资金的投资效益。照明工程的造价控制是一项集管理、技术、质量、施工于一体的综合性系统工程，只有不断加强对每个环节的造价控制和审查，强调以人为本的设计概念，深化照明工程工程造价控制的改革，才能对照明工程的造价进行有效的控制。

7.1.2　系统造价

智能照明控制系统的造价，根据所选厂商的不同及对应硬件的智能程度存在较大差异。不同控制系统的控制软件费用也有一定的区别。

表7-1为智能照明控制系统工程报价清单明细表。

表7-1　　　　智能照明控制系统工程报价清单明细表

序号	设备名称	品牌	型号	数量
图纸内设备清单				
1	三路开闭模块	西门子	N562-3	4
2	四路开闭模块	西门子	N530-4	52
3	六路开闭模块	西门子	N562-6	38
4	八路开闭模块	西门子	N530-8	31
5	九路开闭模块	西门子	N562-9	13
6	消防强启模块	西门子	UP220	1
7	四联智能面板	西门子	UP203	243

序号	设备名称	品牌	型号	数量
8	定时模块	西门子	N152	19
9	系统电源	西门子	N125	79
10	支线耦合器	西门子	N140	60
11	IP 接口	西门子	N148	19
12	移动感应器	西门子	UP2580	371
图纸外系统设备清单				
1	区域中控软件	IT GmbH	区域中控软件	6
2	设备集成中控软件	IT GmbH	ELVIS	1
3	OPC 接口模块	IT GmbH	OPC	7
4	中控电脑	联想		1
5	中控电脑服务器	联想		6
6	调试费			1
7	EIB 线缆	国产	$2 \times 2 \times 0.8$/盘/500m	20

7.1.3 施工管理

智能照明控制系统的施工管理关键取决于施工管理人员的责任心和事业心,严格把握工程施工过程中的各个关键环节,不放松任何工程质量隐患,严格遵守工程质量的相关规定,严把工程质量关,并要在工程施工的每个环节中严格控制工程施工工序,从严管理,从严施工,全面把握施工进度、质量和安全。在出现进度与质量、安全有冲突时,一定要坚持质量第一、安全第一,并在坚持质量和确保安全的前提下科学、合理组织施工,加快施工进度。

1. 施工管理人员的职责

(1)项目经理的职责。

1)项目经理在工程施工过程中负全面领导责任,负责贯彻落实安全生产方针、政策、法规和各项规章制度,并要结合工程项目的特点及施工全过程的实际情况,制订本工程项目的各项施工管理办法或提出要求,并监督实施。

2)项目经理必须本着安全施工的原则,根据工程项目特点确定施工的管理体制和人员,并明确各个部门责任和考核指标,支持、指导工程管理人员的工作。此外,还要健全和完善用工管理手续,严格用工管理制度,适时督促专业人员(安全员、技术负责人)组织上岗前安全教育的监督工作。

3)履行承揽合同条款,确定安全管理目标,确保工程项目安全施工,对工程项目的安全全面负责;负责对工程的领导、指挥、协调、决策等;对工程进度、成本、质量、安全及现场文明施工等负全部责任。

4）参与编制施工组织设计，建立项目安全生产保证体系，组织编制安全保证计划；贯彻执行各项有关安全生产的法令、法规、标准、规范和制度，落实施工组织设计中的安全技术措施和资源的配置。

5）负责工程施工过程中全面管理和全过程的安全控制；支持工程项目安全员及施工管理人员行使安全监督、检查和督促工作；适时组织对工程项目部的安全体系评审、协调和安全评估。

（2）工程项目现场负责人的职责。

1）根据工程项目安全保证计划，组织有关管理人员制定有针对性的安全技术措施，并经常督促检查。

2）制订本工程项目的教育培训计划，负责本工程项目的各类文件控制、组织，并制订应急救援计划。协调安全保证体系运行中的重大问题，组织召开安全生产工作会议。

3）定期组织管理人员进行安全操作规程和安全规章制度的学习，负责对分包单位生产过程中的安全管理、安全检查和安全教育工作。

4）实施现场管理标准化，确保现场工作环境不影响施工安全。

5）组织安全设施的验收，协助上级部门对工程项目的安全检查和督促。

6）负责安全设施所需的材料、设备及设施采购计划的审核及批准。

7）处理一般工伤事故，协助处理重大工伤、机械事故，处理事故遵循"四不放过"原则，并采取有效整改措施，防止再次发生。

（3）工程项目技术负责人的职责。

1）在工程项目施工过程中负技术责任，贯彻落实施工方针、政策、严格执行技术规程、规范、标准。选择或制定工程施工各阶段的安全技术交底，组织有关人员对法律法规、规范和标准的选用，制定本工程项目的法律法规清单，对生产过程中的安全保证体系运行进行监控、落实。结合工程项目特点，主持工程项目的图样会审和技术交底。

2）参加或组织编制施工组织设计，负责对安全难度系数大的施工操作方案进行优化；在编制、审查施工方案时，要同时制定、审查施工技术措施，保证其可行性与针对性，并随时跟踪、检查、监督、落实。

3）认真执行相应的技术措施与安全操作工艺、要求，主持防护措施和设备的验收。发现设备、设施的不正常情况应及时采取措施。严格控制不符合标准要求的防护设备、设施投入使用。参加施工检查，对施工中存在的不安全因素，从技术方面提出整改意见予以消除。

4）工程项目应使用的新材料、新技术、新工艺要及时上报，经批准后方可实施，对采用的新工艺、新技术、新材料必须制定相应的技术措施和操作规程，同时要组织操作人员的技术培训、教育。负责检查施工组织设计和安全方案中技术措施的实施情况，并对施工中涉及安全方面的技术问题提出解决办法。

5）参加、配合因工伤亡及重大未遂事故的调查，从技术上分析事故原因，提出防范措施和意见。

6）组织编制相应的安全保证和质量控制措施，并组织内部评审，经上级审核通过后督促实施；负责组织危险源的辨识和评价，确定危险部位和过程，对风险较大和专业性强的工程项目应组织安全技术论证；做出因本工程项目的特殊性而需补充的安全操作规定。

（4）施工工长的职责。

1）确保施工过程的安全，建立健全安全生产管理监督制度，严格执行安全生产的组织措施和相应的技术管理措施。

2）对施工人员进行安全生产教育，严格遵守安全技术操作规程。对施工人员进行严格专业安全技术培训考核，施工人员应持证上岗。

3）现场各种施工用机具上必须设置有安全装置，并对其进行定期检查维修。建立维修制度，加强日常和定期维修工作，及时发现和消除隐患。严禁违章指挥、违章作业。

4）建立技术交底制度，负责编制施工技术交底，向各类专业施工人员介绍施工组织设计和安全生产技术措施的总体意图、技术内容和注意事项，并应在技术交底文字资料上履行交底人和被交底人签字手续，注明交底日期。

5）负责编制工程项目的施工组织设计，并在施工过程中进行动态管理，完善施工方案，对施工工序进行技术交底。对于施工过程中的设计变更，应及时办理工程设计变更手续，收集整理工程项目的技术档案，组织材料检验、施工试验，检查监督工序质量，调整工序设计，并及时解决施工中出现的所有施工问题。

6）负责安排各班组生产进度，落实施工组织设计。

7）提供原材料、半成品试验报告，办理隐蔽工程检查，办理设计洽商。

（5）安全员的职责。

1）负责项目施工过程中的安全管理工作，并根据本工程项目施工特点制定各项安全管理办法，参与或自行制定各种安全管理制度，参与编制安全生产技术措施。贯彻安全保证计划中的各项安全技术措施，组织参与安全设施、施工用电、施工机械的验收，并在验收过程中做好记录。负责施工现场安全防护、文明施工、消防保卫等日常监督检查工作。

2）参与组织项目的安全活动和安全检查，积极配合并做好上级部门安全检查的准备工作，并对检查中所发现的事故隐患问题和违章现象开具"隐患问题通知单"。各施工班组在收到"隐患问题通知单"后，应根据具体情况，定时间、定人、定措施予以解决，此时，安全员应监督落实事故隐患问题和违章现象的解决情况。若发现重大安全隐患问题，安全员有权下达停工令，待隐患问题排除并经施工责任人批准后方可施工。监督、检查操作人员的遵章守纪情况，组织、参与安全技术交底，对施工全过程的安全工作进行动态监督检查。

3）每日深入现场指导班组安全员的工作，掌握安全情况，调查研究施工生产中的不安全问题，提出改进意见和措施。

4）定期和不定期地组织所辖班组学习安全操作规程，开展安全教育活动，接受安全部门或人员的安全监督检查，及时解决提出的不安全问题。经常检查所辖班组作业环境及各种设备、设施的安全技术状况是否符合安全要求。

5）掌握安全动态，发现事故应及时采取预防措施；制止违章作业，严格安全纪律。当安全与生产发生冲突时，有权制止冒险作业。协助上级部门的安全检查，如实汇报工程项目的安全状况。

6）对施工组织设计和安全文明施工方案中的安全措施执行情况进行监督检查，对进入现场使用的各种安全用品及机械设备，配合材料部门进行验收检查工作。鉴定专控劳动保护用品，并监督其在使用中是否符合要求。

7）组织落实各项安全管理制度，监督安全技术交底和班前交底会制度，并做好必要的检查记录。负责安全施工中的"三级"安全教育制度执行并做好相应的记录。

8）进行工伤事故统计、分析和报告，参加工伤事故的调查和处理。负责一般事故的调查、分析，提出处理意见，协助处理重大工伤、机械事故，并参与制定纠正和预防措施，防止事故再发生。

9）协助有关部门做好新工人、特殊工种工人的安全技术训练、考核和发证工作。

10）发生因工伤亡及未遂事故要保护现场，立即上报。

（6）施工员的职责。

1）按照安全保证计划、施工方案要求，对施工现场全过程进行控制。

2）严格监督实施本工种的安全操作技术规范；监督检查工程质量，编制、收集、整理工程质量评定资料。

3）有权拒绝不符合安全操作的施工任务，除及时制止外，有责任向项目责任人汇报。

4）对分部分项目工程有针对性地进行安全技术交底。

5）发生工伤事故后，应立即采取措施，并保护现场，迅速报告。

6）对已发现的事故隐患落实整改，并向项目责任人反馈整改情况。

（7）质检员的职责。

质检员负责质量核定、预检、隐检的把关，其应严格按照验评标准做到核定准确、签字齐全。质检员应提供质量评定、预检等原始资料。此外，质检员还应参与工程项目的质量检查和评审工作，对施工质量进行全过程控制，监督质量保证体系的执行。对存在的工程质量问题，有权停止施工，并提出对质量问题整改措施和意见，并将信息反馈工程责任人。

（8）资料员的职责。

资料员负责技术资料的收集、整理、归档等日常管理工作，及时检查、督促有关人员做好原始资料的积累，落实建立施工技术资料的岗位责任制，做到分口把关，共同负责。做好文件的收发登记工作，及时将文件送至领导，同时做好传阅工作。负责文件的分类、整理保管、标识、收集及汇编工作。

（9）材料员职责。

材料员负责施工材料和机械、工具的购置、运输，对进场的施工材料和机械、工具进行验收，监督控制现场各种材料和工具的使用情况等。

2. 施工管理措施

（1）工程管理。

通过制定施工组织设计、专项安全技术、安全施工方案，并执行各项管理制度和作业指导书，对重点部位和重要环境因素有关的运行活动制定相应的控制程序和措施，并对其进行有效管理。编制环境管理方案，根据危险源辨识和环境因素识别所列入的重点部位和重要环境因素进行管理，对作业人员和监护人员进行交底并形成记录。

严格执行国家、地方和单位制定的各项管理条例、规定、制度及作业指导书，规范安全管理及与重要环境因素相关活动及过程。组织施工人员通过培训、学习，理解和掌握工作程序、工作方法。

必须严格按照国家有关的法律、法规、规范和标准的要求，对工程项目管理和生产活动全过程中可能导致事故和环境灾害发生的常规管理活动制定程序化的规定，以有效地控制安全事故和削减施工活动中产生的环境污染，同时确保施工符合国家及地方的安全、环境管理要求。

（2）技术管理措施。

认真贯彻执行国家颁发的技术方针、政策、规范规程和各项管理制度，贯彻执行上级有关部门下达的各项规定和管理制度。建立由项目责任人主管，工程技术负责人具体负责，包括施工工长、施工员、质检员、资料员、班组长的技术管理体系，并以此开展技术工作。

严格按照有关文件要求收集整编技术文件。技术文件整编要及时、认真、清楚，并要真实填写，签字完整。各专业技术资料要做到与工程同步，技术资料收集整理分工要责任到人。技术资料移交一定要及时，并要办理移交手续。

接到图样后，技术人员应认真进行图样会审，并做好会审记录。技术人员编制的本工程施工方案，应做到科学、正确并有针对性。在施工过程中，技术管理人员要熟悉施工方案、技术措施，跟随施工班组进行检查、监督并指导施工，保证按施工工艺、施工程序进行施工。

根据施工进度分段进行隐蔽工程检查，并对分部分项工程进行预检，由技术人员组织质检员、监理、工长、班长参加，对上道工序的施工进行检查合格后，方可转入下道工序。

技术人员负责编制本工程的材料计划，计划编制要准确及时，以保证施工的顺利进行。进场材料要由材料员组织验收，并按程序向监理、业主报审，合格后方可使用。对施工中出现的问题及时进行调查、分析、处理，若发生变更应及时调整方案，采取相应措施。

（3）工程难点及措施。

高空作业属于工程的难点和风险点，存在施工人员操作安全隐患。为此在施工之前，应进行详细的技术交底，使施工人员熟悉管线、灯具安装的具体情况。在操作之前应对施工人员进行安全教育及专业的操作技能培训，确保施工人员严格按照特种设备使用规范操作。使用吊篮之前认真检查吊篮的各种设备确实安装牢固、性能良好。LED灯具安装要求施工工艺水平高、性能稳定；与幕墙结合的灯具安装应与幕墙安装单位紧密配合完成。

（4）文件资料管理。

由现场技术人员负责收集、整理本工程的各种质量保证资料及竣工资料。工程竣工后，按规定移交归档。工地应有专人负责文件和资料的收发、登记，施工图样的发放要按规定做好登记。

设计单位、业主提出的变更及工程洽商记录，必须在设计、业主、监理、施工方项目专业技术人员签字后方可生效。重大变更应由工程技术负责人签字，其他各种技术资料也应按照有关规定履行交接签字手续。

技术人员负责编制向作业人员进行技术交底的资料，应履行交接签字手续，施工工长将其作为短期资料保存。交底到具体施工班组，并进行施工前培训。

严格执行建筑安装工程施工技术资料管理有关规定，做到施工技术资料与施工进度同步，施工日志、隐蔽工程检查记录、工程预检记录、质量评定记录的时间、内容、数量完整。资料收集整理的要求和保证措施如下：

1）工程项目部设专职资料员，建立资料管理网络，明确各相关部门职责，并制定奖罚措施，将资料管理的优劣与奖金挂钩，以增强各级人员的资料管理意识。

2）施工技术资料必须随施工进度完成，工程竣工的同时其所需资料必须汇集完整。杜绝拖欠补做、涂改、伪造。

3）管材等构件外加工时，资料员应以书面形式向承包方通知该工程所汇集的技术资料内容、要求、提供时间等，承包方有责任按照要求提供完整的技术资料供发包方汇总。

4）资料收集、整理由技术员和资料员共同进行。

5）所有资料的编写要整齐、规范，做到内容齐全，指标数据清楚，签字盖章清楚有效，日期与实际吻合。

6）所有资料要使用专用的文件夹、文件盒、文件柜由专人妥善保管，其他人员不得擅自动用，资料借阅要登记、签字，用毕归还，防止保管不善丢失、破损、腐蚀。

（5）材料管理措施。

严把施工材料进场验收关，避免不合格材料进入现场。加强降低成本和提高经济效益的教育，使施工人员人人节约。严格加强现场材料的管理，做到大料不小用，长料不短用，并开展修旧利废活动。主要材料及设备进场后，需向监理报验，经检验合格后，方可使用。

严格执行限额领料制度，做到干多少、领多少、用多少的标准。施工队领取材料，必须提前申报计划，并注明使用部位，避免随用随领造成材料流失浪费。控制好工程质量，杜绝因质量返工而造成的材料浪费。班组应做到按图下料，套材使用，整材下料，充分利用边角余料，剩余材料应及时办理退库手续。

严格控制消耗材料的发放，加强对大宗材料的管理。严明材料验收制度，对低劣材料坚决拒收。排管时，安排好接头位置，尽量减少断管，裁下短管要用在工程上，不能丢失。

材料进入现场后，所有验收合格的材料，材料人员要做好标识，标明名称、规格、质地状况及进场日期。严格加强现场材料管理，对浪费材料者，严加处罚。积极发挥施工人员积极性，开展技术革新和新技术、新产品、新材料使用活动，提高工作效率，增加工作效益。

材料的储存地点由工程项目部统一协调安排，怕潮、怕晒的物品应上盖下垫，易丢失和贵重的物品应交材料员入库保管，物资在现场码放应整齐有序，严禁随意乱堆乱放。验证不合格材料应及时通知供货方，限期调换。

经检验合格的材料全部入库保管，主要材料按材料总量控制，由材料员负责材料保管和发放。材料员必须做好废旧物资的回收和剩余物资的清点工作，并建立相应的台账。

提倡节约用料，合理配置使用，做到物尽其用，杜绝浪费。各种材料必须按所指定的材料存放区域存放整齐。各项目施工前，应绘制施工草图以便各种管材搭配使用。

要求施工人员做到活完场地清，拒绝随手丢料。要随时进行材料汇总，按计划提前采购，减小零售。采购中严格按照设备材料计划采购，做到物尽其用。

（6）成品保护管理措施。

成品保护是 LED 照明工程中的重要环节，必须严格加以控制。建立现场成品保护小组，做好工程施工的成品保护工作，严禁破坏成品。成品保护应由专人负责、并定期进行检查。尽量减少剔凿，确需剔凿时，应避免影响土建结构。注意与其他专业工种的协调配合，安排好施工顺序，防止各专业间的破坏或因丢失造成的损失。

搬运材料、机具及施工焊接时，要有具体的防护措施，不得将已做好的墙面、地面、门窗弄脏或损坏。应注意不得碰坏其他设备和防水层等。贵重设备或易坏物品应设专库存放，搬运及安装时要防止磕碰。对违反成品保护措施或损坏安装好成品的行为，要进行严厉处罚。现场成品保护人员要坚守岗位，履行职责，出现问题要分析原因，追查责任。

安装时不得污染现有建筑物品，应保持周围环境清洁。明配管路时应保持墙面清洁完整，安装轮廓灯或线管卡时，卡位测量准确后做好标记再打孔。使用电锤打孔时采用慢速，不得随意在墙上乱打。垂直运输材料应包扎，避免碰撞外墙铝塑板或玻璃。

安装于屋面上的投光灯应采用混凝土墩基础，避免破坏屋面防水。拆地砖时应由一边开始，有顺序进行，不得使用强力机械拆砖。对于拆下的地砖清理干净后集中码放整齐。线缆放完后，要加强保卫工作，以防电缆及电线的丢失或损坏。电缆沟回填时应采用人工夯实，避免用机械夯实碰坏现有地砖。

设备运至现场暂不安装时，不得拆掉包装。设备搬运、安装时，应防止设备碰撞、摔砸，不允许倒立。灯具在现场入库时要码放整齐、稳固，要有防潮措施。搬运时应轻拿轻放，以免碰坏表面的镀锌层、油漆、玻璃罩。配电箱进入现场安装完后，应采取保护措施，防止箱体污染。配电箱体内各个线管管口应堵塞严密，以防杂物进入管内。

管线及辅材进入现场后应码放整齐，并做好防潮措施。材料宜放在有防雨、防雪措施的专用场地。预制加工好的管段，应加临时管箍或管口包箍，以防丝扣生锈腐蚀。施工中布管穿线时不得污染设备和建筑物品，应保持周围环境洁净。在导线接、焊、包全部完成后，应将导线的接头盘入盒、箱内，并封堵严实，以防污染。同时应防止盒、箱内进水。穿线时不得遗漏带护线套管或护口，穿线后导线不应有破损，管口应有防止积水及潮气侵入的措施。管线敷设完成后，要及时套好管堵，其他工种不得随意拆除。

安装灯具时不要碰坏建筑物的幕墙框架、玻璃及墙面等，安装时应注意对现场外立面的保护。配合脚手架的拆除工作，避免拆除时对灯具造成损坏。灯具安装完毕后，应注意保护不得损坏并防止灯具污染。配电箱全部安装完毕后应锁好配电箱门，以防配电箱内电器、仪表损坏。

（7）文明施工措施。

文明施工是一个企业的形象、管理水平和整体素质的反映，也是职工队伍精神风貌的具体体现。文明施工管理应贯穿于施工管理的全过程，以便提高劳动生产率、降低物耗、消涂污染、美化环境、保证工程质量、延长机械使用寿命，有效地防止火灾事故，减少安全隐患，保证社会效益和企业经济效益的提高。

建立文明施工保证体系，制定文明施工的规章制度，确保文明施工有章可循，并在施工中严格执行。坚持文明施工，促进现场管理和施工作业标准化、规范化，使施工人员养成良好的工作作风和职业道德，杜绝野蛮施工现象，做到施工平面布置合理，施工组织有条不紊，施工操作标准、规范，施工环境、施工作业安全可靠。

项目责任人要抓好文明施工，按照制定的文明施工标准、文明施工控制措施，提高施工人员职业道德和文明施工意识。施工中应严格按照所取得的质量体系 ISO 9002 标准实施，加强质量管理、恪守合同、遵守承诺、注重信誉，坚持质量第一。施工中要做好合同评审工作，发现问题及时改进，努力为业主提供合格、优良的工程。

场地布置应统一规划，各种物质材料、设备堆码整齐，合格品与不合格品应分开堆放，并有明显的标志。场区管线布置安全流畅，机械、机具保养良好，废弃物统一深埋处理。施工中做到工完、料尽、场清，在施工全过程重视对成品的保护。

施工现场应严格执行《中华人民共和国消防条例》和公安部关于建筑工地防火的基本措施，加强对消防工作的领导，建立一只义务消防队，现场设消防值班人员，对进场职工进行消防知识教育，建立安全用火制度。

加强施工队管理，坚持入场教育，要求施工队及时办理注册手续，并签订合同与各种生产责任状。施工现场要实行持证上岗制度，保证文明安全施工。加强环境保护，减少粉尘噪声、废气等污染，及时清理现场垃圾，保持现场卫生。

在施工过程中，服从监理，听从监理工程师的意见，严格按监理工程师的要求填好各种表格，送检各种材料和试件，并在监理工程师的指导下，搞好自检和抽检工作。交叉施工中发生争端或矛盾时，要从大局出发，求大同存小异，双方解决不了时，请上级或业主协调，杜绝极端行为。服从大包方统一管理，协调好与各方的关系，保证工程的顺利完成。现场不得随意倒污水、污物。生产、生活垃圾应按指定地点堆放。

在整个施工过程中坚持文明生产，注意环境保护，采取切实有效的措施确保施工生产生活文明、有序地进行。现场管理制度上墙，管理工作规范化、制度化、标准化，建立文明生产制度，精心施工，文明生产。夜间施工不得高声喧哗，做到便民、利民、不扰民，杜绝各种野蛮的施工现象。

做好与施工现场各方协调与联系工作，并与当地政府及公安机关取得联系，加强治安管理，努力创造良好的施工环境条件，预防各种治安事故。加强职工的治安和道德教育，绝不允许有扰民的现象发生。

（8）工期计划及保证措施。

为保证工程各阶段目标的实现，将施工根据流水段划分原则，组织各区段内流水段的施工。为实现各个目标，可采取四级计划进行工程进度的安排和控制。除每周定期参加工地监理例会外，每日收工前进行计划检查和计划安排协调会，以解决当日计划落实过程中存在的问题，并安排第二日的计划和调整的计划，以保证周计划的完成。通过周计划的完成保证月计划的完成，通过对月计划的控制保证整体进度计划的实现。施工配套保证计划是完成专业工程计划与总控计划的关键，牵涉到参与本工程的各个方面，应提供以下配套保证计划：

1）图样计划。此计划指投标前未完成的设计图样出图计划，由设计院审批认可，并与总包方、监理等相关单位协商施工工序。因图样深化设计能力是制约专业工程施工质量的关键，因此必须具有对图样深化、完成施工详图和综合系统图的能力，其图样设计计划应在合约中体现。

2）方案计划。此计划要求的是拟编制的施工组织设计或施工方案的最迟提供期限，通过方案和样板制定出合理的工序、有效的施工方法和质量控制标准。在进场后，应编制各专业的系列化方案计划，与工程施工进度配套。

3）设备、材料进场计划及大型施工机械进出场计划。此计划要求的是分项工程所必须使用的设备材料进场计划以及施工、机械设备的最迟进出场期限。对于特殊加工制作的结构件和设备应充分考虑其加工周期和供应周期。为保证此项计划，进场后应编制细致可行的退场拆除方案，为现场创造良好的场地条件。

4）质量检验验收计划。分部分项工程验收是保证下一分部分项工程尽早进行的关键，分部分项工程验收必须及时，结构验收必须分段进行，此项验收计划需业主密切配合执行。

建立完善的计划保证体系是掌握施工管理主动权、控制施工生产局面、保证工程进度的关键一环。项目的计划保证体系将以日、周和总控计划构成工期计划为主线，并由此派生出设计进度计划和进场计划、技术保障计划、物资供应计划、质量检验与控制计划、安全防护计划及后勤保障计划等一系列计划。在各项工作中都应做到未雨绸缪，使进度计划管理形成层次分明、深入全面、贯彻始终的特色。

依据工地现场情况编制有针对性的施工组织设计方案，根据工程特点编制并制订详细的、有针对性的和可操作的施工方案，从而实现在管理层和操作层对施工工艺、质量标准的熟悉和掌握，使工程施工有条不紊的按期保质地完成。施工方案覆盖要全面，内容要详细，配以图表，图文并茂，做到生动、形象，从而调动操作人员学习施工方案的积极性。

广泛采用新技术、新材料、新工艺、新设备和先进的施工工艺是进度计划完成的保证。针对工程特点和难点采用先进的施工技术和材料，以提高施工速度，缩短施工工期，从而保证各工期目标和总体工期目标。

工程开工日应向发包方出具书面通知，参照工程的规模、工地的实际情况及各期总承包工程的进度，编制施工进度计划表。总进度控制计划必须按照施工部署总体原则进行编制，根据工程项目、工程量、施工条件及拟采取的施工工艺、拟投入的施工人员及机械设备等情况划分流水段，采取平行或流水作业。在总工期控制计划中必须对各分部分项工程施工计划进行分解，并依据分解计划，分析各工程项目、各工序的逻辑关系，确定关键线路工期，将各项资源进行合理配置及科学运用，从而确保关键线路工期的实现，最终保证总工期的实现。为保证各阶段目标的实现，应采取如下措施：

① 做好施工配合及前期施工准备工作，按施工准备计划，由专人逐项落实，确保后期工作的高质高效。开工前认真审查图样、深入现场、搞好调查研究，及时与各专业安装单位进行综合图样会审及技术交底工作，努力将各工种之间的图样矛盾在事先解决。在总体部署下，与专业分包单位共同编制进度合理、节点详细的各工种施工进度计划。

② 建立生产例会制度，每周召开不少于两次的工程例会，围绕工程的施工进度、工程质量、生产安全等内容检查上一次例会以来的计划执行情况。每日下午也应召开碰头会，及时解决生产协调中的问题。结构施工根据流水段划分原则，组织各区段内流水段的施工。

③ 不定期地对工程计划执行情况进行检查，并在监理工程师的主持下每周召开协调会，对前一段的各安装单位进行考核、协调，综合布置下一阶段的施工内容和时间安排。

④ 工程必须采用均衡、节拍、立体交叉作业，安排好综合计划进度，抓好施工准备工作，应密切配合，保证工程按期完成。避免停工、窝工损失。

⑤ 在施工过程中密切与各方的配合，在安装工作密集部位，事先与其他安装单位共同绘制综合大样图，合理安排和布置各类管道及装置。在施工工序安排上应充分考虑各专业的需要，协调采取交叉作业等方式，确保整个安装工程的顺利实施。

⑥ 加强施工中每道环节的质量管理，避免返工，加强物资管理，保证供应充足、优质、及时、到位，杜绝因物资供应不足导致的停工、误工和返工。

⑦ 进入施工现场后，根据施工现场实际情况及业主和监理工程师的意见，及时完成施工方案的调整工作，使其更加符合施工现场实际情况。在此基础上制订周施工计划，以周施工计划保证总进度计划的实现。及时与土建等专业进行计划协调，避免工序、技术、作业面等矛盾而影响施工计划的实施。及时调整施工方案和编制总进度实施计划。

⑧ 对施工计划进行严格管理，建立相应奖惩制度，切实保证施工计划的实施效果。

⑨ 首先从人员上做好准备，从项目经理到工程技术人员，按照业主的要求，接到进入施工现场通知后两日即应做到工程技术人员的到位，开始进行入场施工准备，确保工程尽早开工，为整个工程的顺利施工打下基础。

⑩ 在调试、竣工阶段应切实做好配合工作，与其他专业安装单位共同制订调试方案，在时间、人员、物资等方面给予充分配合，保证安装工程的各系统调试顺利进行。

7.1.4 安全管理

智能照明系统的施工安全管理必须坚持"安全第一、预防为主"的原则，加强安全生产宣传教育，增强施工人员的安全生产意识，建立健全各项安全生产的管理机制和安全生产管理制度，并配备专职或兼职安全检查人员，有组织地开展安全生产活动，做到生产与安全工作同时计划、同时布置、同时检查、同时总结和评比。

1. 人员管理

项目责任人负责制定本工程项目的安全教育培训计划，安全员负责制定施工作业人员中特殊作业人员的培训计划；技术员、施工员负责编制分部分项工程的安全技术交底材料。安全领导小组、专（兼）职安全员必须时刻对安全生产监控，发现问题及时纠正。

组织全体施工人员进行安全技术教育和培训，熟知和遵守本工种的各项技术操作规程，防患于未然。特殊工种的人员要经过专业安全技能培训，熟悉掌握施工机械的安全操作技能，并持证上岗。

安全教育培训的目的是通过对项目管理人员及全体施工人员进行培训，提高全体施工人员的安全管理意识，保护自己及他人的技能，共同实现项目部提出的安全管理目标及承诺。通过培训应确保有关人员遵章守纪，服从管理，认真执行施工现场安全保证体系的规定；使他们认清本职工作中存在实际的或潜在危害及重大的环境影响，以及违章作业可能造成自己或对他人的不良影响和后果。

培训的对象是新工人、普通工人、特种作业人员，一般管理人员，技术人员、项目部各级领导，特种作业人员以及管理人员资质培训均由第三方负责培训。

培训的内容是安全管理、环境管理基础知识，施工管理人员的安全专业知识，施工现场安全规章、文明施工制度，特定环境中的安全技能及注意事项，监护和监测技能，对潜在的事故隐患或发生紧急情况时如何采取防范及自我解救措施。

节假日前后、上岗前、事故后、工作环境改变时，应进行有针对性的安全教育；对分包队伍进场安全教育及平时的安全教育；施工人员调换工种或参与使用施工新工具、新设备前要进行安全操作的培训。新职工必须经过三级安全教育和建立劳动保护教育卡才能上岗，做好培训教育记录。培训教育记录包括三级教育卡（劳动保护教育卡）、安全教育记录和班组活动记录。坚持每周安全学习不少于一次，学习安全法规、岗位责任、操作规程、事故案例等。特别要加强临时工的安全意识、防护技能、交通安全和法规教育。

针对工程的特点进行安全技术交底，每个单项工程开工前，应重复进行工序的安全技术交底并履行签字手续，对安全技术措施的具体内容和施工要求进行详细的交底。

贯彻执行安全检查制度，做到每日检查、日常检查、定期巡视检查和测定检查。各级安全员巡回检查，各级管理人员在检查生产的同时检查安全。

严格执行安全生产会议、安全检查、安全评议制度，定期或不定期检查安全措施的执行情况和现场存在的安全问题，针对发现的问题下达整改通知单，指定专人限期整改，对整改不到位的班组或个人应给予罚款或停工整改等处理。

2. 安全运行管理

总包对分包进行进场安全总交底，防护设施及安全防护用品进场应按采购管理要求执行。核实项目管理人员及作业人员的资格能力鉴定，按规定对所有人员进行安全教育，按《建筑企业职工安全培训教育暂行规定》（建教〔1997〕83号）规定，安排项目有关人员及特殊工种培训，根据职责分配组织各项安全技术交底，按规定提供作业人员必需的劳动防护用品。对进场的物资、小型设备组织专人进行验收、标识，各种防护设施投入使用前必须组织验收。

3. 安全管理措施

现场建立安全保证体系，成立项目安全领导小组，组长由项目责任人担任，副组长由项目技术责任人担任，组员由安检员、施工员、质检员、材料员、班组长等组成。日常安全检查由安检员和施工员负责，施工中发现安全隐患应及时消除，每周由项目安全领导小组组长组织一次安全会议。

健全安全生产责任制，必须做到安全生产人人有责。认真进行安全技术交底，安全生产措施不落实不准开工，发生任何人身、设备事故时应坚持"三不放过"的原则。

所有施工机具和高空作业车辆等设备均应作定期检查，并有安全员的签字记录，保证其处于完好状态。施工用具、配套的安全防护设施、装备必须按照规章制度管理要求保管、保养，并定期检测，确保安全使用。

现场通道坚实、平整、畅通，危险地点应悬挂按照《安全色》（GB 2893—2008）和《安全标志及其使用导则》（GB 2894—2008）中规定的标牌，施工现场还应设置大幅安全宣传标语。

工地现场的布置应符合防火、防盗、防雷电等安全规定和文明施工的要求。施工现场的生产、办公生活用房，仓库，材料堆放场，停车场，修理厂等均应按批准的施工组织设计进行布置。现场设置足够的消防水源和消防设施网点，消防器材由专人管理，不得乱拿乱动，所有人员要熟悉并掌握消防设备的性能和使用方法。各类房屋、库棚、材料等的消防安全距离符合规定，室内不堆放易燃、易爆品。

安全生产管理要在施工过程中正确贯彻"安全为了生产，生产必须安全"及"预防为主"的方针，采取安全技术措施，在保证安全的前提下，完成工程施工任务。由专业工长搞好施工安全措施的制定，结合施工现场情况及施工工作内容，有针对性地组织职工学习《建筑安装工人技术操作规程》，建立班组安全生产责任制，加强安全检查。

进入施工现场必须按规定佩戴好安全防护用品，遵章守纪，听从指挥。高空作业必须系好安全绳，严禁高空抛物。严禁酒后上岗，禁止赤脚、穿拖鞋、穿高跟鞋上岗，施工现场严禁互相打闹。施工现场的临时用电，按《施工现场临时用电安全技术规范》的规定执行。施工机具做好设备接地，严格实行一机、一闸、一漏、一箱、一锁。

机电设备的操作人员必须严格按照机械操作规程执行，对电气线路、开关等要随时检查，严禁违章作业，发现问题应及时处理，并自觉接受和配合上级有关部门的安全检查。具体的安全管理措施有：

（1）安全员负责安全技术交底，负责检查、监督其实施，并履行签字手续。

（2）对于机械、材料、临时用电等管理人员负责其工作范围内的安全管理工作。

（3）制定安全管理措施及安全操作规程，特殊工种要持证上岗。

（4）所有施工人员进场，必须进行安全消防三级教育，并考核，班组长在施工之前要进行班前安全教育。

（5）严格执行安全检查制度，对各种安全技术措施发现隐患时，必须及时纠正。危及人身安全时，必须立即停止作业，把安全事故消灭在萌芽状态，并抓住事故苗头实行"三不放过"的原则。

（6）严格执行安全技术交底中的各项要求及电气安装工程中各分项的安全注意事项。

（7）安装、维修或拆除临时用电设施，必须由电工进行，严禁其他施工人员随意动用临时用电设备。

（8）高处施工时，梯子的使用必须严格按照规范要求。

（9）严格履行安全生产责任制，签订安全生产责任合同，建立安全台账，加强施工现场的安全标准化管理。

（10）设立安全监督责任岗位。

（11）工地现场每月召集一次安全检查活动，开展班组安全自检和互检活动，并实行安全生产奖惩制度。

（12）制定具体安全目标，实行目标管理，强化对工作指令、技术措施、操作规程、人员素质、设备完好、安全检查等方面工作。

4. 安全生产措施

（1）安全生产防护。

1）做到施工现场的安全布置。施工便道布置应畅通，排水良好，并按施工平面图规定位置安放施工机械和堆放材料。施工区域与高压电线等的距离要符合安全距离要求，各危险部位、项目的警告标志齐全。安全守则、安全管理规定、安全生产责任及文明施工宣传标语应张贴、张挂显著或人员集中处。设置齐全的安全宣传标语牌、操作规程牌。

2）在起重设备作业前，须严格检查起重设备各部件的可靠性和安全性，并进行试运行，钢丝绳的安全系数应符合规定。进行起吊作业时，应指派专人统一指挥，起重工要掌握作业的安全要求，其余人员应分工明确。汽车吊作业地面应坚实平整，支脚支垫牢靠。作业时严禁回转半径范围内的吊臂下站人，严禁起吊的重物自由下落。

3）高空作业必须系好安全绳，严禁高空抛物。沟槽开挖要探明地下管网，防止发生意外事故。

（2）夜间作业。

注意安排好施工计划，劳逸结合，尽量避免夜间作业。在必须进行夜间施工时，施工现场必须有足够的照明设备。

（3）雨期施工。

在雨期到来前应组织对施工项目逐项检查，落实责任，同时注意天气预报，防止雷雨大风突然袭击，造成不必要的经济损失。根据施工现场实况编制《雨季施工方案》，制定相应的技术措施。在进入雨季前，施工材料负责人应根据计划充分准备好防雨材料和设施，以便及时发放班组使用，配备防雨劳保用品。

雨期施工时，应排除施工现场积水。长时间在雨季中作业的工程项目，应根据条件设置挡雨棚。施工中遇暴风雨应暂停施工，处于暴雨可能浸没地带的机械设备、材料应做好防范措施。对在暴雨袭击中有危险的脚手架、支护设施等要做好加固措施。

由于雨季空气比较潮湿，因此要根据施工现场的需要和气候条件组织钢管进场，避免钢管进场后长时间放置而锈蚀。钢管在施工现场进行堆放时，应放置于地势较高，不受雨水侵蚀的位置，同时钢管下部应采用木方等材料垫高不小于 200mm。

若遇到连续时间较长的阴雨天，应当对钢管等金属件进行覆盖。对于需要进行焊接连接的钢管或其他结构或配件，尽可能避免在雨天进行施焊，以免钢管在施焊过程中因雨水淬火而降低钢管的焊接质量。若无法避开雨天施工，应当采取必要的挡雨措施（搭临时防雨棚）。

对雨季的线缆敷设、灯具安装应精心组织，合理安排施工工序。应按照晴、雨，室内、外相结合的原则安排施工，晴天多做室外线缆敷设、灯具安装，雨天做室内。室外线缆敷设、灯具安装作业前要收听天气预报，确认无雨后方可进行施工，雨天不得进行外幕墙作业。雨天进行室内工作时，应避免操作人员将泥水带入室内造成污染。各种惧雨怕潮的灯具材料应按物资保管规定入库和覆盖防潮布存放，防止生锈、腐蚀。雨后的安全检查事项有：

1）应对施工现场办公室、工人生活区临建房屋进行检查，检查房屋是否存在漏雨、不稳固等现象，如果发现问题，应及时进行整改。应对施工现场外脚手架检查，检查垫板是否牢固，如果发现下沉、倾斜现象，应及时进行整改。

2）应对施工现场排水设施进行检查，保证现场内污水井及污水管道的正常使用，若发现堵塞，应及时进行疏通。

3）应对施工现场内的所有临时用电设施进行一次全面检查，检查漏电、接地、防雷击等安全隐患。各种机具的漏电保护、接地措施等应完整可靠。

4）保证各级配电箱、电动机械防雨棚在雨季能正常使用。

5）所有电动建筑机械、手持电动工具均应实行专人专机负责制，并定期检查，确保设备可靠运行。

6）使用手持电动工具、移动式电气设备必须佩戴绝缘手套，此类工具在下雨天不得使用。

7）电焊机应放置在防雨、防潮且通风良好的地方，其下方不得有堆土和积水，焊工必须按规定穿戴防护用品、持证上岗。

（4）防火安全。

施工现场应设兼职消防员，要不定期进行消防学习和培训。建立定期防火检查制度，对生活区及工地现场进行防火检查，将事故消灭于萌芽之中。对生活区及工地现场应配备充足的灭火器材以备急用。

（5）临时用电管理措施。

加强施工用电管理，对施工人员进行安全用电教育。现场各种电气设备未经检查合格不准使用，使用中的电气设备应保持正常的工作状态，严禁故障运行。配电箱必须坚固、完整、严密并加锁，箱门上应涂红色危险标志，箱内不能有杂物。

施工用电器设备由电工进行接线运转，正常后交给操作人员使用。用电人员按规定穿绝缘鞋和防护用品，正确使用绝缘防护用品或工具。工作结束或停工 1h 以上，要将开关箱断电、上锁，保护好电源线和工具。

严格遵守《施工现场临时用电安全技术规范》（JGJ 46—2005）的规定，保证本合同段工程的用电安全。工地供电采用三相五线制系统，用电线路采用高架或埋地铺设，场内架设电线应绝缘良好，悬挂高度及线间距应符合电业部门的安全规定。各种电器设备，符合一机、一箱、一闸、一保的用电要求。

危险场所及潮湿环境的照明灯具应使用安全电压，各种电器设备维修时应停电维修，并挂上警示牌。严禁在施工现场使用金属体代替熔丝，工地安装的变压器及配电设备应符合电业部门的要求，并设专人管理。变配电设备处应配备专用灭火设备和高压安全用具。非电工人员严禁接近带电设备，移动式电气机具设备应用橡胶电缆供电。

7.1.5 质量管理

1. 电气安装各分项工程质量标准

（1）管路敷设分项质量标准。管路的材质及规格、品种型号必须符合设计及规范要求，各种材料必须有合格证件。镀锌钢管、可挠性导管和金属线槽不得熔焊跨接接地线，以专用接地卡跨接的两卡间连线为铜芯软导线，截面积不小于 4mm²。金属导管严禁对口熔焊连接，镀锌和壁厚小于或等于 2mm 的钢导管不得套管熔焊连接。管路连接应紧密、管口光滑、护口齐全、明配管平直牢固、排列整齐、管子弯曲处无明显折皱。

（2）管内穿线分项质量标准。导线的规格、型号、材质必须符合设计要求和国家标准的规定，导线必须有合格证，导线绝缘电阻必须在 0.5MΩ 以上，穿线前应在盒、箱位置标高准确、无误的情况下地进行，在穿线前必须将箱、盒清理干净，做到导线分色正确，余量适量。接地（接零）线截面积选用正确，连接牢固，严密包扎，绝缘良好，不伤线芯，导线在管内无接头。

（3）接地装置分项质量标准。接地材料的材质、品种、规格、型号必须符合设计及规范要求，材料必须有合格证，接地电阻必须符合要求，焊接长度：圆钢不小于 6D，圆钢与扁钢不小于 6D，扁钢与扁铡不小于 2D，且须三面焊接，要求焊缝饱满，平整光滑。焊接后，应将焊药清理干净，并在焊接处进行防腐处理。金属电线管、盒、箱及支架均做跨接地线。

（4）电气器具及配电箱安装质量标准。电气器具及配电箱的材质、品种、规格、型号必须符合设计及规范要求，并必须有合格证。配电箱的安装应做到横平竖直、标高准确、固定牢靠、接地保护良好。电器安装前和安装就位后，应加强成品保护，以防污损。成排灯具应采用拉线与目测相结合的方法确定安装位置，其偏差不应大于 5mm。安装完毕通电调试前应做好安全防护措施，以确保通电顺序，并挂好警示牌。灯具等安装要牢固、可靠，并做好金属外壳的接地，符合规范要求，接线正确。每套灯具的导电部分对地绝缘电阻值应大于 2MΩ。

（5）导线连接质量标准。导线的连接头不能增加电阻值，不得降低绝缘强度。所有接压线不得损伤线芯及绝缘层，箱内接压线应做到整齐、美观、牢靠，且编号正确。

（6）电气安装分部观感质量标准。工程所有材料必须选用优良产品，并做到品种、型号、规格符合设计要求，质量合格。施工安装符合设计图样要求，工程质量符合施工验收规范标准要求。在线路敷设，配电箱、照明器具及防雷接地等分项上，外观质量必须达到优良标准。

（7）电缆终端头的制作安装应符合规范要求，绝缘电阻应合格，电缆终端头应固定牢固，芯线与线鼻子应压接牢固，线鼻子与设备螺栓应连接紧密，相序应正确，绝缘包扎应严密。电缆终端头的支架安装应符合规范规定。支架的安装应平整、牢固，成排安装的支架高度应一致，偏差不应大于 5mm，且间距均匀、排列整齐。

（8）质量检验评定标准。执行国家及地方政府颁布的有关施工验收规范。质量验评标准具体内容如下，建筑电气安装工程质量检验应遵照其评定标准《建筑电气工程施工质量验收规范》（GB 50303—2015）进行。分部分项工程验收是保证下一分部分项工程尽早插入的关键，分部分项验收必须及时，结构验收必须分段进行。验收计划需业主密切配合。用料及施工质量在符合合同文件的规定的同时，不应低于国家现行的有关施工及工程质量的规定及国家现行关于各专业工程的质量检验评定标准的合格等级。

2. 质量保证措施

（1）质量保证体系和机构。

行政管理对工程质量和工程进度的作用是至关重要的，设立科学合理的工程管理机构是充分发挥各个部门职能的前提条件。工程质量必须注重将质量保证体系覆盖工程施工的全过程，质量体系是为实现质量保证所需的组织结构、程序、过程和资源。企业按照ISO 9000 标准建立的质量体系（包括文件化的体系程序），要覆盖工程质量形成的全过程并有效运行，建立以项目责任人为组长的质量管理体系，全面负责工程项目的施工质量管理，各级质量、技术管理部门和质量监督部门负责工程项目的施工质量的控制和监管。培养一批内审和管理、监督专家队伍，建立三级质量管理网络，科学严格地制定各工序、施工工艺的质量预控措施，实施标准工法作业。

加强质量管理工作的质量，提高工序质量，确保工程质量。工程质量应与施工人员的分配挂钩，建立严格的奖罚制度，以促使质量管理工作在一个良好的激励机制下进行。积极推行 ISO 9002 质量管理体系，确保 ISO 9002 标准的实施，使之落到实处，从而能够对施工过程的质量实施预控，及时解决和发现问题，防止和避免不合格项的发生及重复出现。

工程质量管理必须采用项目经理制。项目经理是企业在项目上的全权代理人，是项目质量的第一责任人和质量形成过程的总指挥，其应懂技术、善经营、会管理，真正把质量放在第一位，努力抓好质量管理工作。在工程组织设计方案中，还应由工程技术和管理人员组成质量管理小组，履行质量管理职能。工程质量必须实行目标管理和质量预控目标，即要满足与建设方签订的合同要求和要满足质量控制指标的要求。

在工程项目的整个施工过程中，形成项目负责人负质量总责、质量检验员专职监察的内部质量监督和业主的质量监理控制相统一的组织保证机构，实行各单项工程和施工工序、工艺负责人和技术负责人质量责任制，使工程质量控制落实到人和各项具体工作中，做到上道工序不优，下道工序不开工，分责把关，层层负责。实行质量否决制，确保工序质量优良。专职质检员对各道工序进行监督检查，各班组对其施工内容的质量负责。每日下班前，由施工人员组织质量检查，每周由项目部专职质检员组织一次质量全面检查，发现问题及时纠正。

（2）施工质量保证措施。

施工质量保证的基础是做好技术准备工作，包括图样会审、分部分项工程施工技术方案编制及审定，确保施工过程的有效控制。实行材料供应"四验"（验规格、验品种、验质量、验数量）、"三把关"（材料人员把关、技术人员把关、施工人员把关）制度，确保只有检验合格的原材料才能进入下道工序，为工程质量打下坚实基础。

认真执行开工前技术交底制。开工前必须向全体施工人员进行技术交底，让所有施工人员领会设计意图、技术标准、施工方法和施工中应注意的事项。进行专项技术培训，使全体施工人员的质量目标明确、标准清楚、施工方法得当、工艺操作符合要求。

定期对施工人员进行质量教育，提高质量意识，确保按质量标准、施工规范进行施工。严格执行质量检查程序，每道工序必须先自检、后互检、再进行工序交接质量检查、隐蔽工程质量检查等项工作。实行定人、定位、定分工、定职责的方法将质量管理工作分解到每个人、每个施工部位，以提高工程质量。

材料进场后，严格对材料进行检验，检验合格后，上报监理工程师验收，待监理工程师验收合格后方可使用。严格进货检验和试验工作程序，所有设备进场后要会同专业技术人员、质检员、材料员与监理工程师进行开箱检验，合格后进入安装工序。其他材料根据有关规定进行检查验收，对有试验要求的要进行试验检查，并做好试验记录，合格后方可进入安装工序。过程检验和试验是保证工程质量的重要环节，有关人员必须按施工方案的要求和基本程序进行检验和试验，未经检验和试验或检验不合格的材料不得使用和转入下道工序。

运用TQC方法，切实抓好施工全过程质量控制。开工前组织技术人员、施工员等有关的管理人员熟悉设计标准和相关施工规范，并进行经常性的全员质量教育，提高员工整体质量意识。在实施过程中制定施工细节和质量的检查与控制办法，确保工程质量合格。同时加强对影响质量因素的控制，确定各特殊工序、关键环节的管理重点，实施工程施工的动态管理。

施工全过程严把"三关"。一是严把图样关，首先对图样要进行认真反复核对，了解设计意图，并对施工中的难点进行分析提出具体应对措施。严格按图样和验收标准要求组织实施，并层层组织技术交底。二是严把测量关，对各测点采取坐标与相对几何尺寸双向控制，并建立高程控制网，坚持测量复核制，采用高精度的光学测距仪及水准仪，确保位置正确。三是严把试验关，对每批钢管、线缆等材料，认真进行质量鉴定，无合格证及试验不符合要求者，坚决不予使用。

认真贯彻执行"三工三检"制度。"三工"即工前交底，工中检查指导，工后总结评比；"三检"即施工中的自检、互检、专检。坚持施工过程中的"五不施工""三不交接"和"一个坚持"的质量制度。"五不施工"是指未进行技术交底不施工，材料无合格证、试验不合格不施工，上道工序或成品、半成品未经检查验收不施工，隐蔽工程未经监理工程师检查洽商和设计变更不施工，图样和技术要求不清不施工。"三不交接"是无自检不交接，未经质检人员验收不交接，施工记录不全不交接。"一个坚持"是坚持质量一票否决权。

建立健全质量检查分析评比制度，开展工程质量竞赛活动，做到月有检查分析，季有质量评比，年有总结奖惩。每月进行一次工程质量例会，提出并解决施工中出现的质量问题，落实现场质量奖罚机制。成立QC（质量控制）小组，开展QC活动，召开质量分析会，找出影响工程质量的因素，对施工中的质量通病和易出问题的工序提出预防措施。施工中按照计划、实施、检查、处理进行质量管理活动，做到目标明确，现状清楚，对策具体，措施落实，并及时检查和总结。

认真执行质量管理制度，实行施工图审签制、技术交底制、质量三检制（自检、互检、专检）、隐蔽工程检查洽商和设计变更制、分项工程质量评定制、质量事故报告处理制等行之有效的质量管理制度，在具体实施过程中做到认真落实、相互监督、善始善终。

服从并主动求得监理工程师的监理和业主的检查指导，严格执行监理工程师的决定和接受业主的指导和监控。配合做好工程质量复检工作，提供准确的技术数据和质检资料，严格执行隐蔽工程检查制度，每道工序完成，经自检合格后报请监理工程师检查，经检查合格洽商和设计变更后进入下一道工序的施工。

建立挂牌施工制，每项工程开工时都必须挂牌，明确工程质量目标、质量责任人。认真熟悉设计图样和现行施工验收规范，坚持分项、分部工程验标制度。

为质检人员提供检测仪器，创造检测条件。各种检测仪器、仪表均应按照计量法的规定开展周期检定工作，工地应设专人负责计量工作，设立账卡档案，负责监督和检查。

（3）施工准备阶段的质量控制。

1）严格图样会审和设计交底。对施工组织设计要求进行两方面的控制：一是在选定施工方案后，制定施工进度时，必须考虑施工工艺及施工顺序能否保证工程质量；二是在制订施工方案时，必须进行技术经济分析和比较，力争在保证质量的前提下，缩短工期、降低成本。

2）加强各种检查，保证正常作业。检查临时工程是否符合工程质量和使用要求；检查施工机械和设备是否可以正常投入生产；检查各类施工人员是否具备相应的操作技能和资格，是否进入正常的作业状态。核实原材料、产品的合格证，并在使用前复检，以确认原材料的真实质量，保证其符合设计要求。

（4）施工阶段的质量控制。

1）加强对施工工艺的质量控制。工艺是直接加工或控制劳动对象的措施和方法，在施工前应向施工人员进行工艺过程的技术交底,交代清楚相关的质量要求和施工操作技术规范，同时要求施工人员认真执行，使施工工艺的质量控制标准化、规范化、制度化。

2）加强施工工序的质量控制。在施工中影响施工质量的因素有两大类，一类是正常因素，如材料构件、半成品成分变化及偏差的存在，机具的正常磨损，季节气候变化等；另一类是异常因素，如材料构件、半成品材料质量不符合设计要求。施工工序的质量控制是分析和发现施工中的异常因素，并且采取相应对策（技术和管理措施），使这些因素被控制在正常的范围，从而确保每道工序的质量。除了这两个因素外，还存在重点工序和重点部位，这些通常称为工序的质量控制点。通常程序为：选择工序控制点→确定质量控制目标→检查工序质量现状→对比分析→寻找差距→采取技术和管理措施消除差距。

严格执行各级检查验收制度，其具体运作过程是：每分项工程（或工序）完成后，由班组长自检，自检合格后，由班、组长上报质检员进行检查验收，合格后填写检查记录和验评表及报验单，以及有关施工技术资料报监理工程师进行最后核验。核验合格后由监理工程师验收，在报验资料上签字后，各班组方进行下道工序的施工。

未经报验或验收不合格的分项工程（或工序），严禁进行下道工序施工，违者将对当事人按工地有关奖惩规定给予必要的处分，并对该分项工程存在质量问题的，由工程技术部提出处理方案或意见，报主管技术领导同意后进行处理、返工，绝不允许工程遗留质量隐患。加强施工班组的岗位培训工作，确保施工人员具有较高的操作技能。

（5）工序质量及自检自控措施。

认真落实技术岗位责任制和技术交底制度，技术人员和施工人员双方必须在书面交底资料上签字，施工班组在施工时严格按技术交底的要求进行施工及质量控制。班组在明确图样和质量标准的前提下，施工人员必须严格按操作标准及工艺流程操作，实行个人自检记录。上、下道工序之间应由项目责任人组织技术和质检进行工序交接检查，上道工序必须消除质量缺陷才能移交下道工序，下道工序保护好上道工序的成品质量，填写工序交接单，明确各自的质量责任。执行工序验评制度，对已完工序进行全面检查、评定，达不到评定标准要求的工序，严禁进入下道工序，必须返修。

（6）设立工序管理质量控制点，进行重点控制。

严格隐蔽工程验收制度，对需隐蔽验收的工程部位，必须经建设单位隐蔽洽商和设计变更后，方可进入下道工序施工。质检人员应严格按质量验评标准，对所有分部分项工程进行验评，填写质量验收记录。施工中严格按照施工工艺进行，严格执行《建筑电气工程施工质量验收规范》（GB 50303—2015）中的强制性条文，杜绝质量通病。

（7）施工质量管理措施。

施工质量标准应严格按国家规范、工程设计图的要求施工，任何人未经技术、质检部门批准不得私自降低标准。各施工队要各设一名有经验的工程技术人员或技师（或组长）担任质量员，负责本组各项工程质量自检和互检工作。

在工程施工中，工程技术人员、质检人员必须在现场，以解决施工过程中出现的问题，并按设计要求、质量标准抓好工程质量。必须针对施工质量中出现的主要矛盾，用全面质量管理手段分析、处理，以确保工程按优质工程的标准保质、保量完成。

施工部门必须认真做好各项分部工程的施工日志,把每项工作的施工内容、施工地点、质量情况、施工人员记录清楚,把好各项工序的质量关,并做到定人、定岗、有记录、奖罚严明。加强材料供应管理,以保证采购材料的质量,并提供材料的质量证明材料,未经检验或验收的材料,不得使用。当材料从存储地点运往现场时,严格检查清点数量及保证运输安全,不得产生漏失或损坏,材料应放置在便于检查的地点。

(8)交工验收阶段的质量控制。

工程的交工验收有双重含义:一方面指单位工程或单项工程完全竣工移交给建设方;另一方面指分部分项工程中某一道工序完成交付。在项目质量控制中,尤其要注意分部分项工程中某一道工序的验收控制,绝不能在上道工序不合格的情况下,进入下道工序施工。

施工质量在符合合同文件规定的同时,不能低于国家现行的有关施工及工程质量的规定和国家现行关于各专业工程的质量检验评定标准的合格等级。

3. 设备材料构配件进场检验

(1)检验程序。

设备材料检验制度的宗旨是保证工程所用材料、构件、零配件和设备的质量,进而保证工程质量。为确保工程质量,应严格把好设备材料检验关,通过进货检验和试验,保证只有经过检验、试验合格的设备、原材料、半成品方可使用到工程项目上。为此,材料进场应遵循以下检验制度:

1)进货的外观检查按国家有关行业标准规定进行。

2)凡需取样送验的材料应有中华人民共和国国家或行业标准进行的取样送检的检测报告。钢材、灯杆、灯具、电线、电线、钢管进入现场后必须进行取样复检,其他技术文件中提出有特殊复验要求的产品,也应安排复验。

3)原材料取样送验应由技术员负责组织有关试验员按规定取样(必须监理或建设方签字见证),填写"试验委托单"连同试样送有资质检验单位检验。

4)通过检验和试验符合规定要求的设备、材料,方可入库和投入使用。需采取技术处理措施的,应满足技术要求并经有关技术负责人批准后,方可使用。对进货检验和试验不合格的产品,应立即做出不合格标识,不允许入库和投入使用,并按《不合格品的控制程序》中有关规定进行处置。

5)因使用不合格材料而造成质量事故的要追究有关部门和人员的责任。

(2)场外检验。

因为工程进度问题,施工全面开展,因此材料设备只能进行一定量的存储。这样不但要严格材料设备的日进料计划控制,还必须考虑进行材料设备的场外检验和材料设备的储存。检验后,应进行检验意见的记录、签字和重新封箱。怕潮、怕晒的物品应上盖下垫,易丢失和贵重的物品应交材料员入库保管,物资在现场码放应整齐有序,严禁随意乱堆乱放。验证不合格材料应及时通知供货方,及时调换。

(3)安装检验及过程检验。

各分包商的工序施工完,应先进行自检,然后报总包检验,提前把关。

7.2　施工准备与工艺流程

7.2.1　一般规定

智能照明控制系统的安装和调试需符合国家现行有关标准的规定，包括《智能建筑工程施工规范》（GB 50606—2010）、《建筑电气工程施工质量验收规范》（GB 50303—2015）、《智能建筑工程质量验收规范》（GB 50339—2013）和《城市道路照明工程施工及验收规程》（CJJ 89—2012）、《通信线路工程设计规范》（GB 51158—2015）等。

安装前进行必要的深化设计和现场验证，在系统施工完成后，进行系统调试。

7.2.2　安装要求

（1）参考《智能建筑工程施工规范》（GB 50606—2010）、《建筑设备监控系统工程技术规范》（JGJ/T 334—2014），智能照明系统的安装需符合下列规定：

1）设备的型号、规格、主要尺寸、数量、性能参数等符合设计要求。

2）设备外形完整，没有变形、脱漆、破损、裂痕及撞击等缺陷。推荐采用与设备标识一致的派生编号对各接线端点进行标识，以便于调试及维护。

3）设备柜内的配线没有缺损、短线现象，配线标记完善，内外接线紧密，不得有松动现象和裸露导电部分。

4）设备内部印制电路板没有变形、受潮，接插件接触可靠，焊点光滑发亮，无腐蚀和外接线现象。

5）设备的接地连接牢靠，且接触良好。

（2）系统的接线需符合下列规定：

1）接线前需根据线缆所连接的设备电气特性，检查线缆敷设及设备安装的正确性。

2）需按施工图及产品的要求进行端子连接，并保证信号极性的正确性。

3）接线需整齐牢靠，避免交叉。

4）线缆端点均需清晰牢固的标明编号，并建议采用与设备标识一致的派生编号。

5）控制器箱内线缆需分类绑扎成束，交流220V及以上的线路需有明显的标记和颜色区分。

6）系统接线在全部敷设完成后方可接入设备。

（3）传感器和控制器的安装位置不可破坏建筑物外观及室内装饰布局的完整性。

（4）无线通信设备应远离强电、强磁和强腐蚀性设备，安装环境需满足设备正常工作的环境要求。

（5）系统计算机需符合下列规定：

1）规格型号需符合设计要求。

2）需安装与系统运行相关的软件，并配置系统运行相关环境，且操作系统、防病毒软件需设置为自动更新方式。

3）软件安装后，计算机需能正常启动、运行和退出。

4）在网络安全检验后，监控计算机可在网络安全系统的保护下与互联网相连，并对操作系统、防病毒软件升级及更新。

（6）需对系统中各强电、弱电控制回路线的永久线路（包括电源线及信号线）进行标识。

（7）设备标识需符合下列规定：

1）需对包括控制柜、传感器在内的所有设备进行标识。

2）需标识每个设备或模块照明控制回路的数量和负载类型、通信接口的数量和类型。

3）设备标识需包括设备的名称和编号。

4）标识物材质及形式需符合建筑物的统一要求，标识物应清晰、牢固。

5）对有交流 220V 及以上线缆接入的设备需另设标识。

（8）结合数据库管理办法，智能照明控制系统数据库安装需符合下列规定：

1）运行数据库系统需与开发测试数据库系统物理分离，确保没有安装未使用的数据库系统组件或模块。

2）数据库用户的创建、删除和更改工作，需做好记录。

3）数据库对象存储空间的创建、删除和更改工作，需做好记录。

4）对系统的安装更新、系统设置的更改等要做好维护记录。

（9）系统施工安装完成后，需对完成的分项工程逐项进行自检，在自检全部合格后，再进行分项工程验收。

7.2.3 调试要求

参考《智能建筑工程施工规范》（GB 50606—2010）、《建筑设备监控系统工程技术规范》（JGJ/T 334—2014）梳理智能照明控制系统调试相关技术流程。

（1）调试工作的质量会直接影响到系统功能的实现，因此系统调试前需要编制调试大纲，做好相关的技术准备。系统调试前，调试负责人组织参与调试的工程师熟悉本项目的设计方案、设计图纸、产品说明书和系统设备运行方式等技术资料，经现场调研后，编制调试大纲。调试大纲可以指导调试人员按规定的程序、正确方法与进度实施调试，同时，也有利于监理人员对调试过程的监督。

调试大纲一般包括下列内容：

1）项目概况。

2）调试质量目标。

3）调试范围和内容。

4）主要调试工具和仪器仪表说明。

5）调试进度计划。

6）人员组织计划。

7）关键项目的调试方案。

8）调试质量保证措施。

9）调试记录表格。

（2）系统施工安装后的系统调试是进行软件程序下载、参数初设和系统调整，直至符合设计要求的过程。该过程是对工程施工质量进行全面检查的过程。系统调试应以调试方为主，监理单位监督，设计单位和建设单位参与配合。设计单位的参与，除提供工程设计的参数外，还要对调试过程中出现的问题提出明确的修改意见。监理和建设单位共同参与，既可起到工程的监督和协调作用，有助于工程的管理和质量的验收，又能提高对系统的全面了解，利于将来运行的管理。系统调试是一项技术性很强的工作，需要配有相应的专业技术人员和测试仪器。

系统调试前需具备下列条件：

1）施工安装完成，并自检合格。

2）自带控制单元的被监控设备能正常运行。

3）数字通信接口通过接口测试。

4）针对项目编制的应用软件编制完成。

（3）系统调试工作内容需要符合实际项目的需求。线缆一般包括通信线缆、控制线缆和供电线缆。校线调试需对全部线缆的接线进行测试；单体设备包括控制管理设备、输入控制设备和输出控制设备；网络通信包括管理控制设备和输出控制设备之间、管理控制设备到输入控制设备之间、控制器之间、输入控制设备和输出控制设备之间的通信。

系统的调试工作需包括下列内容：

1）系统校线调试。

2）单体设备调试。

3）网络通信调试。

4）系统功能调试。

5）管理功能调试。

（4）工程调试工具需包括下列功能：

1）具备数据、参数、文字和图标的收集及文件编制功能。

2）具备对现场装置进行校准的功能。

3）具备对所有数据点的物理输入和输出功能进行测试的功能。

4）具备对系统处理功能和系统软件进行测试的功能。

（5）信息网络系统的调试需符合下列规定：

1）在网络管理工作站安装网络管理系统软件，并配置最高管理权限。

2）根据网络规划和配置方案划分各个网段和路由，对网络设备应进行配置并连通。

3）每天检查系统运行状态、运行效率和运行日志，并修改错误。

4）各在网设备的地址符合规范和配置方案，不由网管软件直接自动搜寻并建立地址。

5）依据网络规划和配置方案进行检查，符合设计要求。

（6）图形界面测试包含光标字体布局测试、输入值测试、按钮测试、异常情况测试；业务功能测试，要求各项功能能够满足需求；兼容性测试，包括不同操作系统测试、不同浏览器测试；数据存储测试，提交数据被正确保存到数据库中并可以正确被其他页面调用；系统安全测试，包括应用程序级别的安全性和系统级别的安全性；系统性能测试，包括故障转移和恢复测试、性能评估、负载测试、强度测试、容量测试；系统日志测试，Cookies是否保存特定信息、Cookies是否按预定的时间进行保存、刷新对Cookies有什么影响。

应用软件的调试和测试需符合下列规定：

1）按照安装说明书、配置计划、使用说明书进行应用软件参数配置，检测软件功能并作记录。

2）对被测系统进行单元测试、集成测试、系统测试，并对修改后的情况进行回归测试。

3）测试软件的可靠性、安全性、可恢复性、鲁棒性、压力测试及自检功能等内容，并作记录。

4）以系统使用的实际案例、实际数据进行调试，系统处理结果正确。

5）应用软件系统测试时符合下列规定，并记录测试结果：

① 进行功能性测试，包括能否成功安装，使用实例逐项测试各使用功能。

② 进行包括响应时间、吞吐量、内存与辅助存储区、各应用功能的处理精度的性能测试。

③ 进行包括检测用户文档的清晰性和准确性的文档测试。

④ 进行互联性测试，并应检验多个系统之间的互连性。

⑤ 软件修改后，进行一致性测试，软件修改后满足系统的设计要求。

6）根据需要对应用软件进行图形界面、业务功能、数据容量、数据存储、系统安全、系统性能、软件兼容性、系统日志、可扩展性、可维护性等测试，并对测试过程与结果进行记录。

（7）网络安全系统调试和测试需符合下列规定：

1）包括结构安全、访问控制、安全审计、边界完整性检查以及网络设备防护，并检查网络安全系统的软件配置。

结构安全，包括业务处理能力、带宽、访问路径、网段、隔离等；访问控制，访问策略、具备运行/拒绝的访问能力；安全审计，相关事件进行日志记录，还要求对形成的记录能够分析、形成报表；边界完整性检查，检查在全网中对网络的连接状态进行监控，发现非法接入、非法外联时能够准确定位并能及时报警和阻断；网络设备防护，对用户登录前后的行为进行控制，对网络设备的权限进行管理。

2）依据网络安全方案进行攻击测试并记录。

3）检查场地、布线、电磁泄漏等，符合系统设计要求，以保证系统网络的物理安全。

4）网络层安全调试和测试需符合下列规定：

① 对防火墙进行模拟攻击测试。

② 使用代理服务器进行互联网访问的管理与控制。

③ 按设计要求的互联与隔离的配置网段进行测试。

④ 使用防病毒系统进行常驻检测，并依据网络安全方案模拟病毒传播，做到正确检测并执行杀毒操作方可认为合格。

⑤ 使用入侵检测系统时，依据网络安全方案进行模拟攻击；入侵检测系统能发现并执行阻断方可认为合格。

5）系统层安全调试和测试符合下列规定：

① 对操作系统安全性进行检测，以管理员身份评估文件许可、网络服务设置、账户设置、程序真实性以及一般的与用户相关的安全性、入侵迹象等，从而检测和分析操作系统的安全性，并应做记录。

② 对支持应用软件运行的数据库管理系统进行安全检测分析，通过扫描数据库系统中与鉴别、授权、访问控制和系统完整性设置相关的数据库管理系统特定的安全脆弱性，并应做记录。

③ 操作系统、文件系统的配置满足设计要求。

④ 制定系统管理规定并严格执行，尚应适时改进管理规定。

6）应用层安全调试和测试需符合下列规定：

① 制订符合网络安全方案要求的身份认证、口令传送的管理规定与技术细则。

② 在身份认证的基础上，制定并适时改进资源授权表；达到用户能正确访问具有授权的资源，不能访问未获授权的资源。

③ 检查数据在存储、使用、传输中的完整性与保密性，并根据检测情况进行改进。

④ 对应用系统的访问进行记录。

（8）自校准的光电传感器调光控制系统需在校准后对系统性能进行验证。

（9）系统调试结束后，模拟各种运行工况进行自检，系统能按设计要求实现预设功能。在自检全部合格后，进行工程验收。

7.3 验收

建筑智能照明控制系统的验收需符合《智能建筑工程质量验收规范》（GB 50339—2013）的相关规定。

进行智能照明控制系统验收时，会对照设计文件，对系统的组件安装位置、施工质量、系统功能、与其他系统集成的完整性等各个项目进行检查和检测，确保符合设计要求。

其中，数据库的检查包括数据项是否全面、记录时间间隔、数据记录分辨率等要求、存储介质的空间是否足够保存设计要求的保存时长等。

根据信息安全技术的国家标准，信息系统安全采用等级保护体系，共设置五级安全保护等级。在每一级安全保护等级中，均对网络安全内容进行了明确规定。智能照明控制系统网络安全的系统检测，需要严格按照设计确定的防护等级进行相关项目的检测。当照明控制系统作为智能化工程的子系统时，可在总的智能化系统的基础上进行网络安全检测。

进行照明控制效果的检验时，按照《采光测量方法》（GB/T 5699—2017）和《照明测量方法》（GB/T 5700—2008）及其他相关标准的规定进行各项照明指标的检测。

一般根据实际工程情况确定最低的抽检数量。验收内容包括：

（1）工作条件测试，包括电源质量测试和系统接地电阻测试。

（2）控制中心及分控室功能测试，包括人机界面检验、故障记录及打印功能测试、控制功能测试、统计功能检验、报表及打印功能检验、参数显示检验。

（3）系统功能检验，包含网络和数据库的标准化、系统的冗余配置情况、检验系统的节能控制功能及效果。

（4）检验软件是否具备开放性、稳定性和良好的人机界面。

（5）系统性能检验：

1）控制回路的接入率与完好率检验，100%检验。

2）控制功能检验：100%检验。主要检验控制回路的有效性、正确性和稳定性，核对控制指令的一致性与响应速度，控制效果应满足合同技术文件与控制功能的要求。

（6）与其他相关专业的联动验收，包括但不限于火灾自动报警系统、建筑设备监控系统及安防系统。

（7）实时性能检验：抽检10%的控制回路，巡检速度、开关信号和报警信号的反应速度应满足合同技术文件性能指标的要求。

（8）可靠性检验：抽检30%。

（9）停电再启动性能检验：抽检30%的回路。停电再启动的检验成功率需达到100%，速度符合合同文件的性能指标要求。

（10）维护功能检验：抽检30%，检验控制器、现场控制面板在线编程和修改功能、网络通信中断的报警功能。

（11）现场设备安装质量检验：

1）各类型传感器分别抽检30%。

2）控制器安装：100%检查，检验接线的有效性和完好率。

（12）对于城市夜景实时性能的检验，同步显示灯具的时延最好不超过40ms，控制器之间的时延一般不超过20ms，故障反馈时间一般不超过10s。

7.4 运行与维护

为保证智能照明控制系统设备能够持续正常运行，发现问题隐患时能够及时解决问题，避免造成更大的损失，运行期间，需要每年定期检查设备状态、运行记录。

　　参考行业标准《建筑设备监控系统工程技术规范》的相关内容，运行记录是对设备运行和维护情况的有效检验，也是对设备保养和节能优化控制的基础资料，需要定期备份以便于进行统计分析和问题处理。记录至少保存 1 年并可导出到其他介质，推荐有条件时每半年进行一次运行记录的导出和存放。

　　为保证传感器能够准确向控制系统反馈环境信息，提高实际的无故障运行时间并保证监控效果，需要定期进行校验，做好定期维护保养。

　　需要将数据库产品提供商不再支持的版本升级到最新的（或支持的）版本；为数据库系统安装必要的修补程序，在安装修补程序前做好数据库测试和备份工作。

　　由于智能照明控制系统的配置是按照当前的照明、控制要求考虑的，因此当用户的运行方式或控制要求变化时，需要重新核对系统的控制能否适应改变后的情况，如果不适应就需要进行相应的调整和升级。

参 考 文 献

[1] 韩衍秋. 基于现代建筑电气的智能照明研究 [J]. 电力建设，2019，3.

[2] 郑元明. 楼宇智能照明控制系统的应用分析 [J]. 居住环境，2019，2.

[3] "LEED – NC Green Building Rating System For New Construction & Major Renovations" Versions 2.2，Ashare 2004 – 90 – 1.

[4] 张清良. 楼宇自控系统的智能照明控制技术 [J]. 现代信息科技，2018，7.

[5] 朱春良. 楼宇自控系统中智能照明控制技术探讨 [J]. 科技创新与应用，2019，7.

[6] 尹昀朗. 绿色照明与建筑照明节能设计 [J]. 现代物业，2019，3.

[7] 顾国昌. 智能照明来自智能控制 [J]. 光源与照明，2019，1.

[8] 郭佳. 智能建筑照明控制系统实施与研究 [J]. 工艺与设备，2018，8.

[9] 肖振华. 智能楼宇照明控制系统的设计 [J]. 数字技术与应用，2018，2.

[10] 黄民德，郭福雁，季中. 建筑电气照明 [M]. 北京：中国建筑工业出版社，2008.

[11] 冯小军，耿晓春，等. 智能照明控制系统 [M]. 南京：东南大学出版社，2009.